怪異古生物考

技術評論社

【怪異】 かい‐い。
1. あやしいこと。ふしぎなこと。「—な現象」
2. ばけもの。へんげ。

『広辞苑第七版』（岩波書店刊行）より

　世界各地には、さまざまな伝承や伝説、物語があります。そして、そうした伝承・伝説・物語を彩る存在が「怪異」です。

　よく知られる怪異といえば、たとえば、西洋世界のユニコーンやグリフォン、アラブ世界のルフ、東洋では龍、日本ではぬえ、天狗などを挙げることができるでしょう。こうした怪異は、各地の文化になじみ、時には国旗に使われたり、権力の象徴とされたり、あるいは、創作物において重要な役割を果たしたりします。

　実は「化石」を研究する「古生物学」は、こうした怪異と実に親和性が高いのです。怪異が生まれるにあたり、「化石をモデルとしたのではないか」という例はいくつもあります。化石が化石として、つまり、過去の生物の遺骸として科学的に正しく認識されるようになったのは、そう遠い昔の話ではありません。化石が化石として認識されるまでは、人々は化石からさまざまなものを想像して、怪異を創造していたのではないか、とみられています。あるいは、すでに創造されていた怪異と化石を関連づけていた、という場合もあったようです。

　古生物学に携わって生きていると、「ああ、あの怪異の元ネタはこの化石（古生物）といわれているよね」というように"どこかで聞いたことがあるというレベル"で、怪異と化石の関連の話を自然と仕入れていくことがあります。そしてそんなお話を、友人に、恋人に、子供達に、機会を見つけては「実はね……」と披露するわけです。いわば、怪異と古生物の関係は、多くの古生物関係者の"雑談の持ちネタ"となっています。

　本書は、そんな"古生物方面から見た、怪異のお話"を収録しています。洋の東西を問わず、九つの怪異にまつわる古生物話をまとめました。

本書は「妖怪古生物学者」として活躍するプロの古生物学者、荻野慎諧博士にご監修いただいております。また、龍の章に登場する「龍骨図」に関しては埼玉県自然の博物館の北川博道博士に、天狗の章に登場する「天狗髑髏図」に関しては大阪市立自然史博物館の田中嘉寛博士に、八岐大蛇の章については金沢大学の平松良浩博士にもそれぞれご協力いただきました。そして、全章にわたって荻野博士に、龍の章には北川博士に、天狗の章には田中博士に、それぞれ専門家の立場からのコラムをご寄稿いただきました。本編とあわせて、ぜひ、コラムもお楽しみください。

　いくつか、化石標本の画像も収録しています。田中博士、岡山理科大学の石垣忍博士、林昭次博士、東海大学自然史博物館の柴正博博士には、本書のための標本撮影にご協力いただきました。撮影は、安友康博カメラマンによるものです。その他、各地の博物館の皆さま、研究者の皆さまにご協力いただきました。

　迫力のあるイラストは、漫画家・久正人さんの作品です。実は、私は久さんの『ノブナガン』（泰文堂）のファンでして、今回、久さんに描き下ろしをいただき、とても光栄でした。ぜひ、久さんの迫力あるイラストをご堪能ください。

　皆さま、お忙しいなか、本当にありがとうございました。重ねてお礼申しあげます。

　スタイリッシュなデザインは、筆者の"古生物の黒い本"シリーズでもお世話になったWSB inc.の横山明彦氏、作図は妻（土屋香）、編集は技術評論社の大倉誠二氏の布陣で製作しました。

　最初にお断りしておくと、話が話だけに「これが怪異の正体の絶対唯一無二の解答」というものではありません。古生物の"一風変わった視点"として、気軽にお楽しみいただければ、幸いです。

　　　　本書を手に取っていただいたあなたに大感謝
　　　　　　　2018年5月　　筆者

3

目次

1章

ユニコーン

「ユニコーン」は、ヨーロッパではよく知られた怪異である。ウマによく似た体。割れた蹄。そして、額から伸びる長いツノ。その姿は宗教画をはじめ、さまざまな場面に残されている。本章では、ユニコーンをめぐる歴史を紹介したのち、そのモデルとされる古生物に迫ってみよう。

Unicorn

ユニコーン

典型的なユニコーン。額から伸びるツノが**最大の特徴**です。見落とされがちですが、蹄が**二つに割**れているという特徴もあります。

伝承のはじまりはインド？

ユニコーン※ はヨーロッパに広く伝わる怪異ではあるけれども、ヨーロッパで生まれた怪異というわけではないらしい。ユニコーンに関するさまざまな情報をまとめたR・R・ベーアの『一角獣』によると、ヨーロッパの自然科学の世界で初めて意識された一角の獣は、インドの動物であるという。最初の"報告者"として知られるのは、紀元前4世紀後半のギリシアの歴史家、クテーシアスである。

クテーシアスの著作に関しては、アンドリュー・ニコルスが2011年に英訳発表した『CTESIAS ON INDIA』がある。同書では、クテーシアスが伝聞系のかたちでユニコーンに触れている。曰く、それはウマほどは小さくなく、白いからだ、真紅の頭、蒼色の瞳を持つとされる。そして、額には1.5キュービット（1キュービット：大人の腕の肘から中指の先端までの長さ）ほどのツノを1本持っていた。そのツノは、つけ根の部分は白色で、先端は朱色、中ほどは漆黒であるという。

いかがだろう？　私たちが暗黙のうちにイメージする"白色の毛並み美しいユニコーン"と比べると、クテーシアスの記述は、かなり派手ではないだろうか。

クテーシアスは、このユニコーンを「野生のロバ」と表現した。あくまでも現在の理解にもとづくが、一般に「ロバ」といえば、ウマ類（科）の仲間である。現生種では、アジアの草原や砂漠で暮らす肩高1.4mほどの「アジアノロバ（*Equus hemionus*）」※ と、アフリカ北東部の半砂漠地帯に暮らす肩高1.25mほどの「アフリカノロバ（*Equus africanus*）」※ が知られる。たしかに、ウマらしいイメージはユニコーンと一致するものの、ロバの体色は褐色や灰褐

色で、クテーシアスが紹介した動物ほどに派手ではない。もちろん、ロバにはツノはない。

　紀元前4世紀、クテーシアスと同時代の哲学者であり、かのアレクサンドロス大王※ の教師として知られるアリストテレス※ が、著書『動物部分論』において、おそらくユニコーンとされる動物に言及している。自然科学者でもあり、後世に多大なる影響を与えた彼は、ツノが生えている動物の大多数は偶蹄類であることに触れた上で、例外として「インドのオノス」が奇蹄類※ であるとしている。この「インドのオノス」がユニコーンに相当する動物とみられ、アリストテレスは額の中央にツノがあることを紹介している。奇蹄類であるという点は、クテーシアスの「ロバ」という表現と一致するものの、"現代ユニコーン像"の、「割れた蹄」というイメージとは一致しない。

　『一角獣』によると、クテーシアスと並ぶユニコーンの記録者として、少しのちの時代を生きたギリシア人政治家、メガステネスが挙げられている。クテーシアスは、実は自身がインド訪問をしていなかったことに対して、メガステネスはアレクサンドロス大王の遠征後に、実際にインドへ派遣され、駐在した人物である。

　残念ながら、筆者はメガステネスの著作を入手することはできなかったが、『一角獣』によると、メガステネスの描写したユニコーンは、クテーシアスのそれとだいぶ趣が異なるようだ。ウマ程度という大きさこそ一致するものの、色は淡黄色。足首はゾウに似ていて、ブタのような尻尾を持っているという。眉間に生えるツノは黒く、非常に尖っており、強靭。そして、螺旋状痕がある。声は大きく、耳障りであるとされる。

　西暦初頭に活躍したローマの博物学者・政治家のプリニ

※アレクサンドロス大王

紀元前4世紀に活躍したマケドニアの大王です。ギリシア諸都市を掌握し、ペルシアを制圧し、エジプトをその支配から解放し……とスサマジイ業績の持ち主。32歳で病死しました。

※アリストテレス

紀元前4世紀に活躍。論理学、倫理学、政治学、詩学、生物学、物理学、心理学……などの多分野で業績を残したトンデモナイお方です。

※奇蹄類

文字どおり「奇数本の蹄」を持つ動物たちです。サイのほかにも、ウマやバクなどがいます。なお、古生物には「偶数本の蹄」を持つ奇蹄類もいました。

※**プリニウス**

ローマの偉人には「大プリニウス」と「小プリニウス」がいます。『博物誌』は大プリニウスの功績（両者は叔父・甥の関係）。ポンペイを滅ぼしたヴェスヴィオ火山の調査に向かい、現地で殉職しました。

ウス＊は、著作『博物誌』にユニコーンのものとみられる記述を残している。雄山閣から出版された『プリニウスの博物誌―第7巻～第10巻―』（中野定雄・中野里美・中野美代訳）から、該当部分を抜粋してみよう。

── 彼によれば、インドにはまた中のつまった蹄、一本の角のウシがいる。（中略）これは身体のほかのところはウマに似ているが、頭は雄ジカに、足はゾウに、尾はイノシシに似ていて、深い声で吠える。そして額の中央から突出している2キュービットもある一本の黒い角をもっている、という。この獣を捕獲することは不可能であるという。──

　ここでいう「彼」とは、クテーシアスを指している。2キュービットは「大人の腕の肘から中指の先端までの長さ」の2本分に相当する。クテーシアス、メガステネス、プリニウスの表現を比較すると、大きさはウマ程度で一致するものの、クテーシアスでは足についての言及はなく、プリニウスの「ゾウに似る」という指摘は、メガステネスのそれと同じである。「中のつまった蹄」はウマの蹄を連想させ、すなわち奇蹄類とするクテーシアスや、アリストテレスの記述と一致する。「イノシシに似る」とされた尾は、メガステネスの「豚の尾」という表現に整合的だし、「深い声」は「大きく耳障り」というメガステネスの報告と合う。こうして見ると、「彼」がクテーシアスを指すとはいえ、プリニウスはどちらかといえば、メガステネスの記述を採用したように見える。

　いずれにしろ、私たちの"よく知る優美なユニコーン"のイメージは、のちの時代に築かれたようだ。本書では、プリニウスのまとめた記録を"ユニコーンの原型"として、その正体を探っていくことにしたい。

『博物誌』のユニコーン

『博物誌』に登場するユニコーンを、その記述をもとに久正人氏に"復元"してもらいました。この姿が、ユニコーンの原型?

ユニコーンの正体とされた海棲哺乳類

ユニコーンにはさまざまな逸話が付随する。曰く、ユニコーンはたいへん獰猛な性質である。曰く、しかし処女には懐く。曰く、実はノアの洪水のときに方舟から降ろされて滅びた。曰く、その毛皮にはペストを防ぐ効果がある。曰く、そのツノには媚薬の効果がある。曰く、そのツノには解毒作用がある。曰く、そのツノは万能の妙薬である……。

とくに「解毒作用」や「万能の妙薬」といった話題には、クテーシアスの時代から注目され、長い間、人々に信じられてきた。

いつの世の中でも、「万能の妙薬」は詐欺師たちにとって絶好の稼ぎどころになる。「病を治して長生きしたい」というのは人として当然の欲求であるし、そこに貴賤は関係しないからだ。大金を積んででも、ユニコーンのツノを手に入れたい。そんな人々は少なくなかった。

ユニコーンのツノについては、メガステネスが「螺旋状痕がある」と報告している。この記述が詐欺師たちにとって、格好の材料となった。すなわち、螺旋状痕のある長いツノがあれば、それを「ユニコーンのツノ」として、売り込むことが可能だったのだ。

白羽の矢が立ったのは、イッカクである。

イッカクは北緯60度[※]よりも北の大西洋海域に暮らすハクジラの仲間だ。学名は「モノドン・モノケロス（*Monodon monoceros*）」。「イッカク（一角）」の名が示すように、長いツノのようなつくりを１本持つ。しかし、実際にはこれはツノではなく、発達した牙である。学名の「モノドン（*Monodon*）」は「１本の歯」という意味で、これはこの長い歯に由来する。ただし、実際に歯が１本しかないという

イッカク

ハのあるクジラを「ハクジラ」と
いいます。イッカクの他、マッコ
ウクジラやいわゆる「イルカ」な
ども同じグループ。イッカクはそ
の牙が、ユニコーンのツノとして
狙われていました。

わけではなく、
上顎に2本の歯を持
つ。雄のイッカクでは、
このうちの1本が螺旋をえが
きながら長く細く伸びているのだ。
その長さは最大で2.6mにもなり、全長の
半分を超える。一方、雌の歯は長くない。
たしかに雄の牙はツノに見えるのかもしれないが、全身
をみれば、イッカクのからだはでっぷりとしている。また、
哺乳類ではあるけれども、ハクジラの仲間であるので、手
は鰭となっており、足はない。つまり、どこをどう見ても、
ウマに似るとされるユニコーンをイメージさせる要素はない。

しかし、螺旋状痕のある細長い牙は、メガステネス以降連綿と語り継がれてきたユニコーンのツノのイメージと合致するのだ。

イッカクの生息域は、古代から中世の欧州の人々にとって"簡単にはアクセスできない場所"であることも詐欺師たちにとっては都合が良かったことだろう。北欧やアイスランド、グリーンランドに暮らす人々ならいざ知らず、東欧、中欧、西欧、南欧などで暮らす人々にとっては、イッカクは未知の動物であり、その全身像を知る人はほとんどいなかったにちがいない。

つまり、イッカクの牙だけを見せて「これがユニコーンのツノでございます」といえば、「なるほど」と思われる可能性は極めて高かった。「海棲哺乳類の牙やんけ！」とバレる可能性は低かったのだ。

さらに、イッカクは比較的狩りやすい存在だった。ほかのハクジラ類にくらべると、イッカクは不活発で、水面で長時間休むこともあるという。こうした要素を考えると、詐欺師たちにとっては、イッカクは「ローリスク・ハイリターン」の獲物だったのだ。

かくして、イッカクのツノは、ユニコーンのツノとして長く扱われてきた。[※]

ネイチャー・ライターのトッド・マクリーシュがイッカクについて調べ上げて執筆した『神秘のクジラ イッカクを追う』の中にも、イッカクのツノとユニコーンとの絡みが言及されている。同書によれば、ヨーロッパにイッカクのツノが、ユニコーンのツノとして持ちこまれはじめたのは10世紀末から11世紀初頭のころであるといい、「その重さの何倍もの重量の金と交換されていた」という。同書では、その一例として、16世紀にイギリスのエリザベス一世

※ユニコーンのツノとして長く扱われてきた
このあたりのお話は『ヴィンランド・サガ』（幸村誠・講談社）にも登場します。

に贈られたイッカクの牙に1万ポンドの価値があったと紹介している。「当時であれば、城が一つ建つほどの大金」というから凄まじい。

しかし、もちろん、経緯が経緯なので、イッカクがユニコーンのモデルとなった可能性は皆無である。イッカクにとって、本当に迷惑な話として、ユニコーンの伝承が利用されたにすぎない。同書によると、この詐欺商法は18世紀前半まで続けられたとされる。

ユニコーンの正体？

誰が最初に指摘したのかはわからないが、「ユニコーンの"着想の元"となったのではないか？」とされる絶滅哺乳類がいる。「エラスモテリウム（*Elasmotherium*）」だ。

エラスモテリウムは、頭胴長4.5m、肩高2mの絶滅奇蹄類である。奇蹄類の中でもサイ類（科）に分類され、現生のサイ類各種とは比較的近縁な存在だ。

この段階で、ふと、次のように思われる読者もいるのではないだろうか？「そもそも、ユニコーンは、もともと現生サイ類のことではないだろうか」と。

たしかにサイ類の中には、その名も「インドサイ（*Rhinoceros unicornis*）」※ なる種が存在する。頭胴長3.8m、肩高1.9mのこのサイ類は、その和名が示すようにインドに生息し、クテーシアスやメガステネスの記録と合う。足の指は前後ともに3本で、プリニウスの「中の詰まった蹄」という記述とは異なるが、太さがあるため、「ゾウのような足」というイメージは整合的だ。何よりも、2本のツノを持つ種もいるサイ類の中で、インドサイはユニコーンと同じように1本しかツノを持たない。

※インドサイ
サイの仲間には他にもクロサイやシロサイ、ジャワサイなどがいます。クロサイとシロサイはツノが2本あります。ジャワサイのツノは1本ですが、ユニコーンのように長くはありません。

しかし、インドサイの1本のツノは「鼻の上から」伸びる。これは、ユニコーンの「額から」伸びるツノとは明らかに異なる点だ。そして、『一角獣』によると、ユニコーンの報告者の一人であるメガステネスは、サイはサイとして描写しているという。つまり、メガステネスはサイとユニコーンを異なる動物として認識※していたのである。

そこで、エラスモテリウムだ。

インドサイなどと同じサイ類に分類されるエラスモテリ

※**サイとユニコーンを異なる動物として認識**

ヨーロッパ圏で知られるユニコーンは、こうして区別されていたとみられますが、アラブ圏ではサイとユニコーンの両方の意味を持つ幻獣的なものがいたという指摘もあります。

エラスモテリウム
長いツノが目印の絶滅奇蹄類です。20ページに頭骨の写真を用意しました。

ウムは、現生サイ類とよく似た風貌の持ち主だ。しかし、決定的に現生サイ類と異なる点がエラスモテリウムにはあった。「額から」伸びる1本のツノを持っていたのだ。まさにユニコーンの描写と一致するのである。

　もう少し詳しく見ていこう。

　そもそもサイ類のツノは、骨ではなく「毛」でできている。体毛が集まって束となり、固まっているのだ。骨のような硬組織ではないため、死後に分解されやすく、通常は化石として残らない。しかし、現生のサイ類の中でも長いツノを持つシロサイ (*Ceratotherium simum*) などの頭骨を見ると、長いツノがある場所の骨は少々膨らんでおり、その表面が粗くなっている。すなわち、ツノの"土台"が骨に確認できるのだ。

　エラスモテリウムの頭骨にも、額に同様の骨の膨らみが確認されている。しかもそれはケサイの膨らみよりも大型だ。このことからエラスモテリウムが額に長大なツノを持っていたことは疑いないとされている。

　『プリニウスの博物誌』の描写と再び比べてみよう。

—— **彼**によれば、インドにはまた**中**のつまった蹄、1本の**角**のウシがいる。**(中略)** これは**身体**のほかのところは**ウマ**に似ているが、**頭は雄ジカ**に、**足はゾウ**に、尾は**イノシシ**に似ていて、深い声で吠える。そして額の**中央から突出**している2キュービットもある1本の黒い**角**をもっている、という。この**獣**を捕獲することは**不可能**であるという。——

　エラスモテリウムと比べると「ウマに似ている」という身体は微妙なところで、「雄ジカに似る」とされる頭も微妙。「ゾウに似る」という足は整合的で、「イノシシに似る」という描写もまあ、整合的であるといえよう。最大の特徴

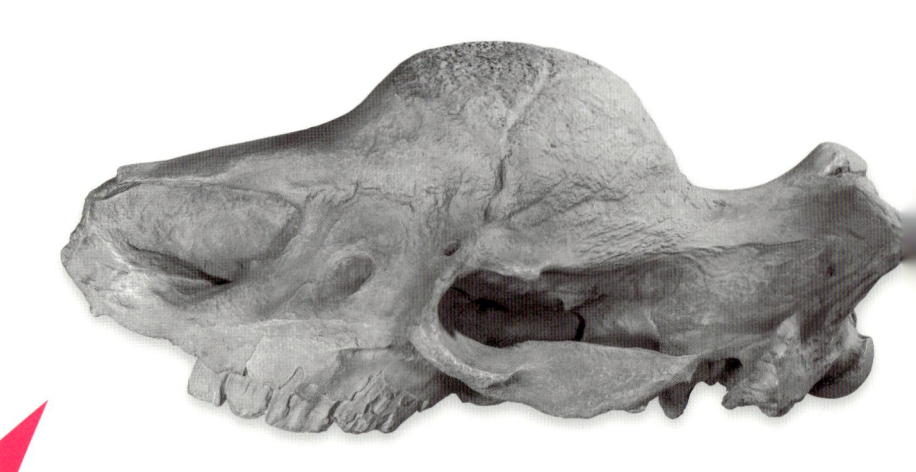

エラスモテリウムの頭骨(複製)
ずんぐりと盛り上がった部分はツノの"土台"だったとみられています。これだけ大きな土台ですから、さぞや長いツノを持っていたことでしょう！　東海大学自然史博物館所蔵標本。
（Photo：安友康博／オフィス ジオパレオント）

である「長いツノ」はもちろん整合的である。ちなみに、『新版 絶滅哺乳類図鑑』（文・冨田幸光、イラスト・伊藤丙雄・岡本泰子）によると、エラスモテリウムは切歯が消失しているため、唇で草をむしりとっていたとされる。

　ここで注目したい点は、「長いツノ」「ゾウに似た足」「イノシシに似た尾」という整合的な部分が、いずれも「復元後の姿」という点である。とくに「長いツノ」は、生きていたときにしか存在しない。メガステネスの時代からサイが認識され、その骨格とエラスモテリウムの化石を比較すれば、ひょっとしたら生きているエラスモテリウムを連想することができるかもしれない。しかし、それはなかなかどうして、高度な生物学と古生物学の知識を必要とすることだ（ちなみに、化石としてのエラスモテリウムが記載されたのは、1808年である）。エラスモテリウムをその化石から正確に復元するためには、ツノ、すなわち頭部と足、尾の化石が発見され、しかもそれが同一の個体であると特定され、なおかつそれらを組み立てて、サイの骨格との比較からツノを復元するだけの知識が必要である。

　そう考えると「生きているエラスモテリウムの姿を見た

ことがある」という方が、すんなりとユニコーンの初期イメージとつながりそうである。いや、必ずしも整合的ではない部分も多いことを考えると「生きているエラスモテリウムの姿を見たことがある、という伝承が存在する」とみるべきだろうか。そして、その伝承をクテーシアスやメガステネスが収集し、ヨーロッパへと伝えたのかもしれない。

 ## 人類は、"生きているユニコーン"を見たか？

　エラスモテリウムの化石からユニコーン像を"復元"するのは、いささかタイヘンだ。

　しかし、生きているエラスモテリウムを人類の祖先が見た……のであれば、その伝承が残っていて、やがてユニコーン像の誕生へとつながったかもしれない。

　問題は、「生きているエラスモテリウム」を現生人類「ホモ・サピエンス（*Homo sapiens*）」の祖先が見たことがあるのか、ということだ。

　2005年にロシア、ヴェルナツキー地質学博物館のウラジミール・シュガロたちががまとめた論文や、2011年に刊行された『新版 絶滅哺乳類図鑑』によると、エラスモテリウムの生息していた時代は、新生代第四紀更新世の前期〜中期とある。

　更新世という時代は、約258万年前にはじまり、約1万年前まで続いた。

　1万年前といえば、地質学的には"つい最近"である。我らがホモ・サピエンスの祖先は、今から約31万5000年前にアフリカで誕生し、その後、しだいに生活範囲を広げてきた。アフリカから中東へ、中東からユーラシア各地へ、そしてベーリング海峡を渡り北アメリカへ。そのまま南下

して南アメリカへ。そうして南アメリカの地を踏んだのが約1万3000年前とされている。中東地域ではすでに文明も築かれており、そうした時代のそうした地域にエラスモテリウムが生きていたのであれば、その目撃談がユニコーン像の元となった可能性は低くない。

しかし、ポイントは「エラスモテリウムの生息していた時代は、新生代第四紀更新世の前期〜中期」の「〜中期」という点だ。更新世中期は、今から約12万6000年前に終わっているのである。12万6000年前といえば、ホモ・サピエンスは誕生してはいるものの、ようやくアフリカを出たかどうか、という時期※である。しかも、アフリカを出てはいても、中東地域より広がることはなかった。アフリカを出た人類は、しばらくの間、中東で"足踏み"をしていたのだ。一方のエラスモテリウムの化石が見つかる地域は、ロシア、トルクメニスタン、中国、ウクライナ、ウズベキスタンなどで、どうにも当時のホモ・サピエンスとエラスモテリウムの生息域は重なりそうもない。シュガロたちの論文でも、エラスモテリウムとホモ・サピエンスが遭遇した可能性は「極端に低く、また疑わしい」とされている。

ユニコーンのモデルは、エラスモテリウムではないのだろうか?

ところが、2016年になって、事態は思わぬ展開を見せることになった。ロシア、トムスク大学のアンドレイ・ヴァレリヴィッチ・シャパンスキーたちによって、カザフスタン北東部のパウロダル近郊から見つかったエラスモテリウムの化石が、約2万6000年前のものであると報告されたのだ。ホモ・サピエンスが中東地域における"足踏み"をやめて、北進・東進を開始したのは約5万年前とみられている。そして、1万4000年前にはベーリング海峡を越えてい

※アフリカを出たかどうか、という時期
2018年に発表された研究によれば、人類の「出アフリカ」の時期は、遅くても約18万年前あたりまでさかのぼる可能性が指摘されています。大幅な更新ですが、それでも中東地域より先に広がったという証拠は発見されていません。

ベーリング海峡

ロシア　ユーラシア大陸

トルクメニスタン
ウクライナ　ウズベキスタン　パウロダル
カザフスタン

中国

中東

インド

アフリカ大陸

た。カザフスタンは、そんなホモ・サピエンスの拡散ルートの途上にある。シャパンスキーたちの報告によって、ホモ・サピエンスとエラスモテリウムは遭遇した可能性がいっきに高まった。

　あるいは、約2万6000年前まで生きていたというのであれば、「氷漬け」でエラスモテリウムが生きたまま保存された可能性もある。なにしろその時代は、最終氷期の中でも最盛期にあたる。たとえば、2013年夏に来日した冷凍マンモス※「YUKA」は、約3万9000年前のものだった。つまり、エラスモテリウムよりも古い時代のマンモスでさえ、冷凍保存されたのだ。これまでに"現代人"は冷凍エラスモテリウムを発見していないけれども、エラスモテリウムが冷凍保存され、それを古い時代のホモ・サピエンスが見つけたとしても不思議はない。そして、その冷凍エラスモテリウム自体が失われたとしても、その伝承がやがてユニコーンとなった可能性もある。このケースが成立するので

**本章に登場する
地名・国名**

カザフスタンのパウロダル近郊で見つかった化石が注目されています。詳細は本文参照。

※冷凍マンモス

正確には「氷そのもの」ではなく、「永久凍土」に埋もれていたマンモスです。軟組織、残ります。

あれば、必ずしも「生きているエラスモテリウム」をホモ・サピエンスが見つける必要さえない。「約2万6000年前」という数字は、こうした可能性をいっきに広げるものなのだ。

　もっとも、仮にエラスモテリウムを目撃したことが伝承となってユニコーンの"素"となったとしても、大きな問題は残っている。エラスモテリウムの化石は、これまでにインドやパキスタンなど、クテーシアスやメガステネスの著作の"舞台となった地域"からは見つかっていない。一方、約2万6000年前という数字が示されたのは、カザフスタンの北部である。両地域は2000km以上離れている。仮にカザフスタン北部で生きているエラスモテリウムをホモ・サピエンスが目撃したとしても、2000kmを超える距離を離れた地域で伝承として残るものなのだろうか？　カザフスタンでエラスモテリウムを目撃した人々が南下して、インドやパキスタンで暮らすようになったのか。それとも、インドやパキスタンにもエラスモテリウム、あるいは、姿のよく似た近縁種がいたのだろうか。前者の場合は何らかの人類遺跡（たとえば、エラスモテリウムを描いた壁画などが見つかれば強力な証拠となるだろう）、後者の場合は新種の発見が鍵となるかもしれない。

第四紀の地質年代表

公式には更新世には「前期」はなく、「ジェラシアン」「カラブリアン」と名付けられています。2018年春現在、この「中期」について、日本の千葉にもとづいた「チバニアン」という名称が命名できるかどうかが一つの話題になっています。

代	紀	世	期	年代
新生代	第四紀	完新世		
		更新世	後 期	←1万1700年前
			中 期	←12万6000年前
			カラブリアン	←78万年前
			ジェラシアン	←180万年前
				←258万年前

ONE POINT COLUMN

ユニコーンが実在したという前提で

ユニコーンの記述を遡っていくと、しきりにウマ（＝奇蹄類）との近縁性をほのめかす言及がなされています。ここに蹄が割れていたり、角があるということが加わると、サイがもっとも近いといえるでしょう（サイは3本指なので偶数ではないのですが）。ストーリーとしては、ウマに近縁なインドサイの記述に、その後イッカクの立派な「角」（本当は牙）の話が乗っかってきて、今のユニコーン像に至る、といったところでしょうか。

インドサイの学名は *Rhinoceros unicornis*。属名はギリシャ語で *rhino-* ＝鼻、*ceros (kelos)* ＝角、そして種名がラテン語で *uni-* ＝1つ、*cornis* ＝角です。これはリンネによって18世紀に付けられた学名ですが、ユニコーンそのままですね。

さて、幻獣のユニコーンですが、私としては初期から「奇蹄類っぽい」と認識されていたことに一番興味があります。当時「ウマに似た蹄が割れていて角のある生き物」を分類するのはなかなかに難儀したでしょう。身近にいた角のある動物、ヤギやヒツジのような偶蹄類ではなく、奇蹄類寄りに見えたことは、生物に対する正確な観察眼があったことを示唆しています。そういうわけで、ユニコーンの正体は、もちろん想像の域を出ませんが、サイだったら面白いなというのが私の考えです。

ヨーロッパではラスコーなど各地の旧石器時代の壁画にサイが描かれていました。これらはメルクサイ（*Stephanorhinus*）やケサイ（*Coelodonta*）のような2本角です。2本角のサイは歴史文書の中に記載はなく、ヨーロッパで青銅器や鉄器が出てくるころには絶滅していたようなので、このようなサイを見たという記録は歴史時代になかったと考えられます。

本章ではそこから古生物に視点を移し、絶滅したエラスモテリウムに着目しています。近年、更新世中期に絶滅したと考えられていたこの種が2万6000年前まで中央アジアに生存していたことがわかりました。プリニウスの言及する「額」に長い角があるという特徴に一致する、1本角の奇蹄類です。

さて、本章を読んで、皆さんならどう考えるでしょうか。この後の章も、ぜひ自分の意見を考えながら読み進めてみてください。

2章

グリフォン

「グリフォン」は、ヨーロッパでよく見られる怪異だ。「グリフィン」あるいは「グリュプス」とも呼ばれ、ワシの前半身とライオンの後半身を持つ。古今のさまざまな物語に登場する怪異である。ここでは、その中でも、とくに"最近"に紡がれた有名な物語をまずは紹介しよう。その後、グリフォンの正体とされる恐竜に迫っていく。

典型的なグリフォン
ワシの前半身と、ライオンの後半身を持つとされる怪異。「たてがみ」があるわけではないので、なぜ「ライオンの後半身」なのか、という疑問を持ったのは筆者だけでしょうか。まあ、可愛らしい尾は一致しますけれど……。

Grifon

"アリス" に登場するグリフォン

　アリスが土手の上で、ぼうっと考えごとをしていると、ウサギが「まずい！　まずい！　遅刻だあ！」といいながら通り過ぎていく。そのウサギはポケット付きのチョッキを着ていて、しかもそのポケットから懐中時計を取り出し、それをちらりと見てから急いで走り出す。「なに？　これ？　どういうこと？」と思ったアリスは、ウサギを追って野原を走り出し、ウサギが飛びこんだ大きな巣穴に自分も飛びこんで行く。

　19世紀の作家、ルイス・キャロル※の代表作である『不思議の国のアリス』の冒頭シーンだ。

　アリスはその後、地下の国でさまざまな動物や人物に出会い、経験を重ねていく。冒頭で登場するウサギをはじめ、ネズミ、ドードー、イヌ、ネコ、カエルなどで、そのほとんどは人間の言葉を話す。「人間の言葉を話す時点で、すでに立派な怪異だ」と思われるかもしれないが、まあ、そういってしまってはいささか身も蓋もないので、その指摘は脇に置いておこう。

　物語も終盤になってくると、それまではすべて実在の動物だったのに（ここでも「トランプの兵隊も実在か!?」と突っ込まないようにお願いしたい）、突然、非実在の怪異が登場する。それがグリフォンだ。

　その登場の仕方は極めてナチュラルで、描写等は存在しない。河合祥一郎訳の『不思議の国のアリス』から該当部分を引用しよう。

　—— アリスが**女王様**といっしょにその**場を立ち去る**とき、**王様**がそこにいる**人**たちに「**全員釈放じゃ**」と低い**声**でおっしゃるのが**聞**こえました。「まあ、それはほんと

※**ルイス・キャロル**
彼の他の代表作としては、『鏡の国のアリス』（不思議の国のアリスの続編）や『スナーク狩り』などが挙げられます。

によかった！」アリスはひとりごとを言いました。**女王様があんなにたくさん死刑をお命じになったことにすっかり気落ちしていたのです。**
やがて、ふたりはひなたぼっこをしてぐっすり眠っているグリフォンに出会いました。
「起きろ、なまけ者！」と女王様がおっしゃいました。「このお嬢さんを海ガメもどきのところへご案内し、やつの話をきかせてやりなさい（後略）──

グリフォンの姿に関する描写はまったくなく、ウサギやネズミなどと同じテンポでの登場である。もっとも、「やがて、ふたりはひなたぼっこをしてぐっすり眠っているグリフォンに出会いました。」の後ろには、実は次のような注意書きがついている。

──（みなさんは、グリフォンがどんなものか知らなければ、絵を見てくださいね。）──

『不思議の国のアリス』は、当初からイラストが多数挿入されていることで知られている。ジョン・テニエルの手によるそのイラストは、緻密にしてなかなかリアリティにあふれるものだ。キャロルが「絵を見てくださいね」と投げている場面では、からだを丸めて眠るグリフォンが描かれている。その姿は、ワシの頭、ワシの翼、ワシの前脚を持ち、ライオンの後脚、ライオンの尾を持つ、よく知られるグリフォンのイメージそのものだ。テニエルによるグリフォンのイラストは、その後も2枚登場し、アリスとともに海ガメもどきの話を聞くシーン、海ガメもどきとダンスを踊るシーンも描かれている。

さて、ルイス・キャロルという著者名はペン・ネームで、本名はチャールズ・ラトィック・ドッドソンという。本業は作家ではなく、イギリスのオックフォード大学に勤務す

る数学教師だった。同書の「訳者あとがき」によると、1862年7月4日のよく晴れた午後、ドッドソンは学寮長の3人の幼い娘たちを半日がかりのボート遊びに連れ出す。この三姉妹の次女がアリスである（つまり、物語の主人公であるアリスは実在の人物である）。このとき、ドッドソンが即興で物語をつくって語り、その日の別れ際にアリスはドッドソンにその物語を書いた本が欲しいといったという。ドッドソンは徹夜でその要望に応え[※]、1冊の本を仕上げた。その本の名を『地下の国のアリス』という。『不思議の国のアリス』の原型だ。

ごく自然にグリフォンが登場した背景には、この制作事情が大きく関係している。ドッドソンが勤務するオックスフォード大学[※]の学寮の一つが、まさにグリフォンを学寮の紋章としているというのだ。アリスにとっても、ドッドソンにとっても、グリフォンは極めて身近な存在だったわけである。

ちなみに、『地下の国のアリス』は、ドッドソン改めキャロルの直筆原稿が存在し、大英図書館に所蔵されている。2002年、書籍情報社はそのオリジナル原本を『不思議の国のアリス・オリジナル』として完全復刻した。その原本においては、キャロル自身の手描きイラストが挿入されており、グリフォンも描かれているが、そのグリフォンには翼がない（……そこに、どのような意図があるかわからないけれども）。テニエルのイラストも良いけれど、キャロル自身によるイラストも味があって良い。もしも、ご興味をお持ちであれば、ぜひ、同書をご覧いただきたい（復刻版は、もちろん英語であり、しかも手書きだけれども、幼い少女相手に書かれたものなので、平易で読みやすい）。

グリフォンの描写は『不思議の国のアリス』（あるいは、

※徹夜でその要望に応え
……本当に本業は数学教師？　びっくりな執筆スピードですね。

※オックスフォード大学
当時も今もイギリスを代表する大学です。設立は定かではありませんが、11世紀にはすでにあったということで、英語圏最古の大学として知られています。11世紀というと、日本では平安時代末期にあたりますから、とんでもない歴史です。

『地下の国のアリス』）が初出というわけでは、もちろんない。なにしろ、『不思議の国のアリス』が刊行されたのは1865年、『地下の国のアリス』が書かれたのは1862年である。時代はすでに近世だ。ただし、この物語は、ヨーロッパの人々にとって、グリフォンがいかに身近な存在なのかを物語る一例といえる。

"旅行記"に登場するグリフォン

ヨーロッパにおけるグリフォンの"登場"は古い。紀元前5世紀の歴史家ヘロドトス※が著した『歴史』には、すでに黄金を守る怪異として「グリフォン」の名前が登場する（松平千秋訳の『歴史』では、ギリシア語の「グリュプス」表記が採用されている）。

ただし、『歴史』においてはグリフォン（グリュプス）の姿に関する描写はなく、ただ一言「怪鳥」とあるのみだ。ヨーロッパの北方に棲み、群れをつくるものであるという。

西暦初頭に活躍したローマの博物学者・政治家のプリニウス※の著作『博物誌』には「鳥の性質」と題された章があり、そこにグリフォンの姿に関する記述ある。それは、エティオピアに生息する「耳と恐ろしく曲がった嘴を持つ」というもので、「伝説上の鳥」という項で紹介されている。「エティオピア」に棲むという点は、『歴史』の記述と南北方向がまったくの逆だ。また、プリニウスは、この項の冒頭でグリフォンのことを「作り事だとわたしは判断する」（『プリニウスの博物誌—第7巻〜第10巻—』訳：中野定雄・中野里美・中野美代）と言い切る。

こうした古典の記録を辿っても、グリフォンの姿をこと細かに描写した記述はなかなか見つからない。

※ヘロドトス
アナトリア半島（小アジア：現在のトルコ領のアジア部分）や中東を旅行して、そのときに集めた素材をもとに『歴史』を著したといわれています。

※プリニウス
ユニコーンの章にも登場した偉人。この人の『博物誌』は、本書にも数回登場します。

そこで、視点をかえて20世紀の詩人・小説家であるホルヘ・ルイス・ボルヘスの『幻獣辞典』を手にとってみると、そのグリュプスの項では「最も詳細な描写は、問題のサー・ジョン・マンディブルの名高い『旅行記』第85章にあるものだ」と書かれている。

マンデヴィルの何が「問題」なのかは後述するとして、その著作『東方旅行記』※の邦訳版が大場正史によって平凡社から刊行されているので、該当部分を紹介しよう。なお、『幻獣辞典』で言及されている『旅行記』と『東方旅行記』はタイトルも異なり、該当章も異なるが、内容そのものは『幻獣辞典』で引用されている『旅行記』の記述と『東方旅行記』で大きな差はない。

『東方旅行記』は14世紀の旅の記録とされ、グリフォンは第29章に登場する。その章題は「カタイ国の彼方にある国々や島々。ふしぎな果実。山の中にとじこめられたユダヤ民族。怪鳥グリフィンの話」だ。ちなみにここでは、イギリス語の「グリフィン」表記が採用されている。「カタイ国」については、本文冒頭で「シナ」という注釈が加えられているところを見ると、どうやら中国のことらしい。

グリフォン（グリフィン）の関連部分を引用してみよう。

── また、**国内**には、ほかのどこの国にも**見られない**ほど、たくさんのグリフィンがいて、ある**人々**の**話**では、**前**がライオンの形で、**後ろが鷲**のそれだというが、まさしくその**通り**である。けれども、グリフィンはそれらの国の**八頭**のライオンよりも**強力**で、**百羽の鷲**よりもさらに**獰猛**である。なぜなら、グリフィンは**大きな馬**を**一頭**と、**人間**をひとり**乗せて**、さもなければ、くびきで鋤につないだ**2頭**の**牛を乗せて**、**自分の巣**まで**飛**びかえるからである。というのも、グリフィンの**足**に

※『**東方旅行記**』
紛らわしい書名ですが、教科書に登場するマルコ・ポーロの著作は『東方見聞録』です。受験生の皆さん、間違えないようにしてください。『東方見聞録』は、本文でものちほど登場します。

は、牛の角ほどもある、大きな、長い爪がはえていて、驚くばかりに尖っているためで、人々はその爪で水飲み用のコップをこしらえるが、それはちょうど、われわれが水牛の角でコップを作るのと同じである。また、羽毛の骨では矢を射るための弓をこしらえる――

さらっと読んでいると見逃してしまうが、「前がライオン」「後ろが鷲」と書かれている。"本来のグリフォン像"とは逆だ。しかし、これは誤植であろう。※後ろが鷲では翼がなく、「怪鳥」という章タイトルとはあわない。『幻獣辞典』における『旅行記』の引用では「前半分が鷲」「後ろ半分が獅子」となっている。

これぞ「グリフォンの記述である！」といいたいところだが、実は「問題の」とされているように、マンディブル自身も『東方旅行記』もいささかをすぎるくらい素性が怪しい。『東方旅行記』の訳者である大場は、同書の「解説」の中で、これを「半架空的な旅行記」とし、「ユートピアの話」としている。また「編纂ものである」としたうえで、

典型的なグリフォン

こちらは複数の資料をもとに、久正人氏に描いてもらったグリフォンです。グリフォンは資料によって前足の指の本数が異なるのですが、今回は「前半身がワシ」という記述にしたがっています。ちなみによく似た怪異に「ヒッポグリュプス」がいます。ヒッポグリュプスは、グリフォンとウマの雑種で前半身がワシ、後半身がウマです。

主要な出典元として、13世紀にフランスで刊行された百科事典を挙げる。ジャーナリストのジャイルズ・ミルトンは、マンディブルの足跡を追った著作『コロンブスをペテンにかけた男』を1996年（邦訳版は2000年）に刊行し、その中で「マンディブルがインドと中国に旅行したのはフィクションである」と断ずる。

しかし、この記録が事実であるにしろ、空想記であるにしろ、14世紀のヨーロッパに大きな影響を与えたのは確かなようで、『コロンブスをペテンにかけた男』の訳者・岸本完司による同書のあとがきによると、『東方旅行記』の写本の数は、かのマルコ・ポーロの『東方見聞録』のそれの２倍を超えるという（『東方見聞録』とは、日本を「黄金の国ジパング」としてヨーロッパに紹介したことで知られるアレである）。

ここで注目したいのは、『東方旅行記』のグリフォンの記録（それが空想の産物であるとしても）が、中国あるいは東アジアを元にしているということである。これは、『歴史』の記述とも、『博物誌』の記述とも異なる点だ。『歴史』や『博物誌』には具体的なグリフォンの姿の記述がないことを考えると、グリフォンの姿を具体的に連想させる何かが、これらの地域にあったことを示唆するのかもしれない。また、「前半分が鷲（ワシ）」「後ろ半分が獅子（ライオン）」という特徴に加えて、「足には大きく鋭いツメがある」ことも特徴として挙げられていることもポイントといえるだろう。

グリフォンの正体

西洋の伝説や伝承と化石の関係をまとめた『THE

FIRST FOSSIL HUNTERS』（エイドリアン・マイヤー著）には、「The Gold-Gurarding Griffin: A Pleontological Legend」（黄金の守護者グリフォン：古生物学的な伝説）と題された章があり、グリフォンの正体に迫っている。

　結論から書いてしまえば、マイヤーが「グリフォンの正体」として挙げるのは、恐竜「プロトケラトプス（*Protoceratops*）」

の化石である。

　プロトケラトプスは、全長2.5mほどの四足歩行の植物食恐竜だ。いわゆる「角竜類」と呼ばれるグループに属するが、ツノは持たない。寸詰まりの吻部にはクチバシがあり、後頭部にはフリルと呼ばれる薄い骨の板を発達させている。白亜紀後期、今からおよそ8000万年前ごろの中国やモンゴルに生息していたとみられており、いわゆるゴビ砂漠の地域から化石が見つかる。

　古生物学の世界では、プロトケラトプスは「格闘恐竜」のメンバーとして、その名が高い。格闘恐竜は、文字通り戦った姿勢のまま化石化した2種2匹の恐竜で構成されている。1種は成

人男性の身長とほぼ同じ全長を持つ肉食恐竜「ヴェロキラプトル (Velociraptor)」で、もう1種がプロトケラトプスだ（この標本のプロトケラトプスは、ヴェロキラプトル※ の3分の2ほどの大きさ）。

　ヴェロキラプトルはからだこそ小さいものの、その小ささを生かした軽量級ハンターで、鋭い歯の他にも、後ろ足の第2指に大きな鉤爪を持っている。格闘恐竜の標本は、このヴェロキラプトルによる狩りの瞬間がそのまま保存されているものだ。ヴェロキラプトルが、後ろ足の鉤爪をプロトケラトプスの首に食い込ませている一方で、プロトケラトプスもヴェロキラプトルの右腕をしっかりとくわえこむという"反撃"の様相を見せる。その瞬間に、近くにあった砂丘が崩れたのか、それとも砂嵐に襲われたのか、そのまま砂に埋もれ、保存されているのである。

　各地の博物館に行くと、さも生きていたときのまま化石が保存されているような、全身骨格が展示されていることが多い。しかし、それらは正しくは全身復元骨格であり、欠損部を補ったのち、任意の姿勢に組み立てたものだ。恐竜に限らず、脊椎動物の化石では、骨格はバラバラに発見されることが多く、欠損もごく普通にみられる。※ そのことを考えれば、格闘恐竜がいかに優れた標本であるかがわかるだろう。ほぼ全身が残っていたうえに、骨格が組み上がった状態（これを専門的には「関節した状態」という）で残っていたのだ。バラバラの骨を往時の姿に組み立てるには、それなりの専門的な知識が必要である。しかし、関節した状態のまま見つかるのであれば、往時の姿を想像する難易度はいっきに下がる。

　実は、プロトケラトプスは、関節した状態の化石がよく見つかる。マイヤーはこうした関節した状態のプロトケラ

※ヴェロキラプトル

小型の肉食恐竜です。「ラプトル」の名前を持ち、姿が似ていることから映画「ジュラシック・パーク・シリーズ」のラプトルと混同されがちですが、ヴェロキラプトルは映画のラプトルほどからだが大きくありません。

※欠損部もごく普通にみられる

なかには、数個の骨化石だけで「えいやっ!」と全身を復元したものもあります。もちろん、科学的な推測をもとに、ですよ。

トプスの化石が、グリフォンの着想のもとになったのではないか、と指摘する。プロトケラトプスの "公式な報告" は1923年のことだが、古代の人々は関節したプロトケラトプスの化石をすでに見つけていたのではないか、というわけだ。

少し検証してみよう。

プロトケラトプスの吻部には鋭いクチバシがある。これは、「前半分がワシ」というグリフォンの特徴と整合的だ。

猛禽類であるワシは、もちろん鋭いクチバシを持っている。しかも、プロトケラトプスのクチバシの先端が下方に向かって少し曲がっているという特徴もワシと一致する。ただ、ワシの口内には歯がないことに対し、プロトケラトプスの口内には細い歯が並ぶという特徴がある。ここは不一致ではある。

　また、プロトケラトプスの眼窩は比較的大きく、これもワシの大きな眼と整合的である。

　一方で、プロトケラトプスの前足には鋭いツメはない。これはグリフォンの「鋭い爪」という描写とは異なる。

　プロトケラトプスの後頭部に発達するフリルはどのように解釈するのか。

　実はグリフォンは、「前半身はワシ」としながらも、まるでウサギのような大きな耳を持った姿でしばしば描かれている。実際のワシには、そんな耳はない。一方、プロトケラト

プロトケラトプスの埋没姿勢

白亜紀後期に生息していたプロトケラトプスのレプリカ復元骨格。埋没姿勢のそのままです。プロトケラトプスはこうした「埋まったまま」の姿勢の化石がよく見つかるそうです。モンゴル国ゴビ砂漠中央部ツグリキンシレで発掘されたものがオリジナル。

（発掘：林原ーモンゴル共同調査隊、撮影協力：岡山理科大学、Photo：安友康博／オフィス ジオパレオント）

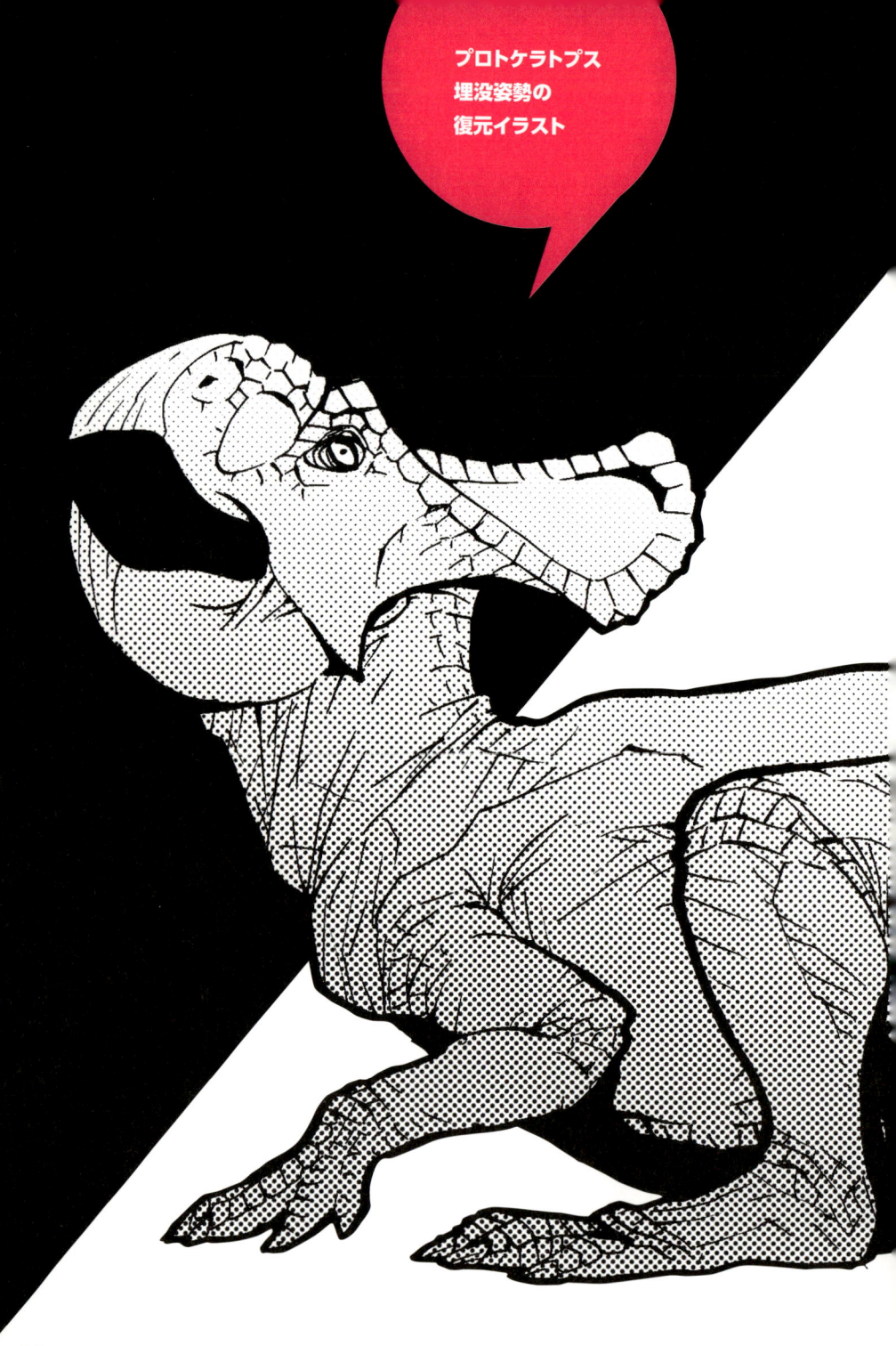

プロトケラトプス
埋没姿勢の
復元イラスト

プスのフリルの化石には、左右に大きな孔が開いている。これを耳の孔と解釈すれば、まあ、グリフォンの大きな耳につながるかもしれない。もっとも、通常、耳の孔の向こうには頭蓋骨があるわけだが、プロトケラトプスのフリルの孔の向こうには何もない。また、ウサギの細長い耳は、実際にはいわゆる「耳たぶ」であり、その内部に骨があるわけではない。これは、現生種を見ればわかることなので、プロトケラトプスのフリルの孔をグリフォンの耳の穴と結びつけるのは、いささか強引な解釈だろう。

マイヤーは、恐竜研究者のジャック・ホーナーの言葉を引用しながら、このフリルの薄さに注目する。曰く、薄い故にパッキリとフリルが折れて、化石が発見されたときに

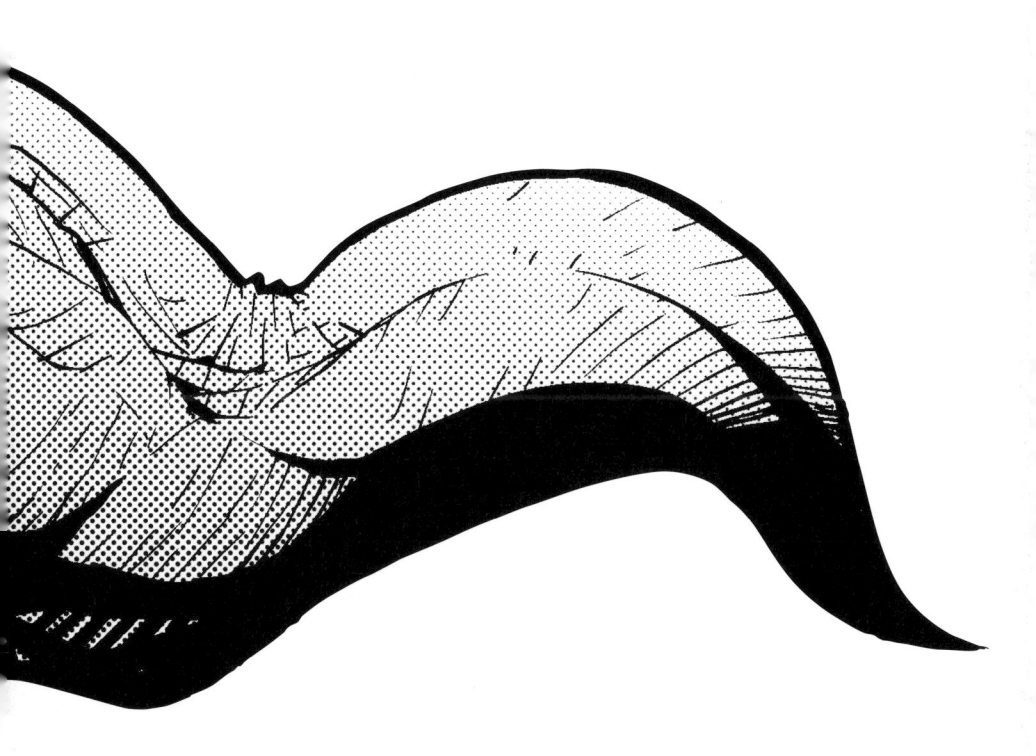

　グリフォン

肩の近くにそのフリルがあれば……、さあ、翼である、というわけである。ワシの翼を持つとされる、グリフォンの記述と一緒だ。ただし、ここでも注意書きとして加えておくと、ワシの翼の骨は、腕の部分のみで、いわゆる「羽根」の中に骨があるわけではない。

明瞭なちがいである「鋭い鉤爪」に関しては、それこそ格闘恐竜のように、ヴェロキラプトルの爪あたりがともに見つかれば、それを"合成"してグリフォンのイメージに

埋没姿勢のグリフォン
プロトケラトプスの埋没姿勢に合わせて、久正人氏に描いてもらいました。

つなげることもできたかもしれない。

　こうして見ると、ワシと形容されるグリフォンの前半身は、プロトケラトプスの化石と一致する点は多いといえなくもない。不一致の部分もあるが、それは化石の不完全性と、伝承による変化と考えれば、まあ、許容範囲といえそうだ。

　では、グリフォンの後半身がライオンである、という描写はプロトケラトプスのどこからきたイメージなのだろう。両者は、骨格の特徴として、後ろ足の指の骨の本数くらいしか一致点がないように思える。ライオンの特徴の一つである房のある細い尾は、プロトケラトプスの太い尾骨の化石からは連想のしようがない。

　マイヤーが注目するのは、そのサイズだ。全長2.5mというプロトケラトプスのサイズは、ライオンとほぼ一致するのだ。

　こうした化石の特徴の他に、マイヤーはモンゴル西部のアルタイ山脈付近が金の産出地であることにも注目している。モンゴルは、プロトケラトプスの化石産地の一つである。ヘロドトスの『歴史』の記述を思い出して欲しい。かの古典では、グリフォンは「黄金を守る怪鳥」として登場するのである。

　関節したプロトケラトプスの化石を見つけた古代の人々が、その化石の産状と周囲の地理を含めて、そのことを西へ西へと伝えていく途中で、かつての「怪鳥グリフォン」とイメージが重なりあい、そして、「怪異グリフォン」の誕生となったのかもしれない。

ONE POINT COLUMN

監修者 妖怪古生物学者 荻野慎諧博士の ワンポイントコラム

グリフォンはお手上げ？

　私の「不思議な生き物」に対するアプローチ方法は、個々の部位の特徴から全体像を把握し、精査することで解明する、というスタイルです。ですので、不思議な生き物と出会ったときに、わからないながらも細かく記録に残してあると、考察しやすいものなのですが……。

　考察する段階に入る前、私はグリフォンについて、まあお手上げというか、ワシ（鳥類）とライオン（哺乳類）の合成となると分類的に離れすぎていて、すり合わせが難しいと考えていました。さらに四肢に加えて翼が一対、合計六肢の生き物だとすると、存在する生物のデザインに合いません。昆虫じゃないか、と雑に答えたいところですが、昆虫には3対の歩脚と、それに加えて翅があるために、相似形にもならないのです。

　そこにきて「恐竜」というアイデアだと、一歩踏み出せそうです。鳥類の祖先は恐竜類から分岐しており、吻部がくちばし状のかたちをしている種も見られます。そのうえ、ゴビ砂漠が舞台となると恐竜説を補強する材料です。ゴビ砂漠は岩石砂漠で、現在、あちこちから恐竜の産出報告があります。人類がこの砂漠に足を踏み入れたころも、いまと変わらず地表に化石が顔を出していたでしょう。

　グリフォンの源流と考えたプロトケラトプスに限らず、もっと巨大な、例えば実際にゴビ砂漠から産出する10m級の恐竜、タルボサウルスやデイノケイルス、テリジノサウルスあたりの化石が目の前に横たわっていたら、それをどう解釈するでしょう。

　現代の恐竜の専門家であっても、生きていた姿を正確に復元することはできません。そこから色々な物語が生まれてくるのも無理なからぬことだと思いませんか。

　本章に登場する恐竜説に触れるまで、私もグリフォンについて深く考えたことはなかったのですが、「不思議な生き物」の正体はこれだ、という説に対しては、つい、いま地球上に生きている種と比較してしまいがちです。本書を読み進めていくうちに、時間の軸をも考慮して、かつての分布域や絶滅した種まで含めた推理のコツが掴めるようになると思います。

3章

ルフ

「ルフ」は、主にアラブ世界で知られる怪異である。「ロク」あるいは「ロック鳥」とも呼ばれ、巨大な猛禽類とみられている。コンドルが発想のもとではないか、という指摘もあるようだが、本書ではもう少し踏み込んでみよう。まずは、ルフにまつわる物語から紹介したい。

Roc

シンドバードが出会う

※『千一夜物語』

『千夜一夜物語』あるいは『アラビアンナイト』とも呼ばれます。本文中で紹介しているシンドバードの物語の他にも、「アラジンと魔法のランプの物語」や「アリ・ババと四十人の盗賊の物語」なども収録されています。

ダマスクスからカイロ、バクダードからモロッコに至る広大なアラブ世界。その世界に伝わる『千一夜物語』*は、おもに10世紀に集められた民話で構成されている。ただし、中には9世紀以前の話や、11世紀から16世紀の間の話もあるという。

人気作ゆえに、各国語に翻訳されている。その過程で独自の編集が加えられたものも多い。そのため、原典から変化したものも少なくないようだ。『千一夜物語』をめぐるそうした状況の中で、J・C・マルドリュス博士によるフランス語訳は原典の面影を最も完全に伝えるものとされる。ここでは、その"マルドリュス版"の邦訳にあたる岩波文庫の『完訳 千一夜物語』（豊島与志雄・渡辺一夫・佐藤正彰・岡部正孝訳）にもとづいて話を進めていこう。

物語は、ある王が妃の首を刎ねるという描写からはじまる。その後、毎夜、年若い処女一人を寝室に連れてこさせ、一夜をすごしたのちに、王はその女の首を刎ねるという。

この所行が続く中で呼ばれた娘、シャハラザードは、首を刎ねられる前に、"楽しいお話"を王に語り聞かせる。王は話に夢中になり、夜が明けて、シャハラザードの首を刎ねないまま朝を迎える。そこでシャハラザードは口をつぐむ。「続きはまた今夜」というわけだ。そしてまた夜になると、シャハラザードは王に物語の続きを語って聞かせ、再び首を刎ねられないまま朝を迎えるのである。

こうしてシャハラザードは殺されぬまま日々をすごすことに成功する。つまり、『千一夜物語』は、シャハラザードの命をつなぐ物語なのだ。

シャハラザードが紡ぐ話の中で、圧倒的な存在感を放つ

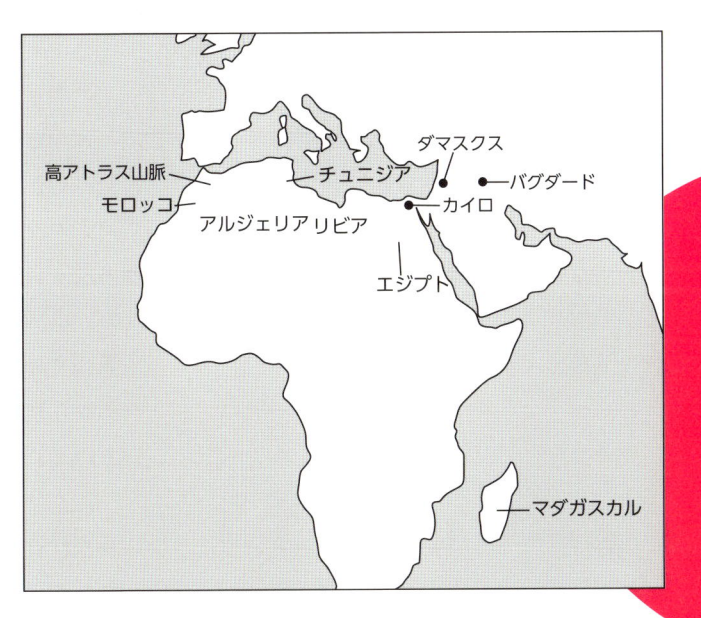

高アトラス山脈

モロッコ

アルジェリア リビア

チュニジア

ダマスクス

バグダード

カイロ

エジプト

マダガスカル

アラブ世界と "美しい島"の位置

アラブ世界は北アフリカから中東。美しい島がマダガスカル……とすると、えらく離れています。地図中の文字は本章で登場する地名や国名、都市名です。

のは「船乗りシンドバードの物語」※だ。第290夜から第315夜にかけてのもので、"設定" どおりであれば、実に25夜にかけて同じ主人公の物語が寝室でつむがれたことになる。ドラマやアニメのいわゆる「1クール」が10〜13話で構成されている現代から考えれば、「25夜」の物語が、いかに "長編" なのかがわかるだろう。

そして、この「船乗りシンドバードの物語」にこそ、ルフが登場する。

第295夜は、シンドバードがある美しい島に取り残されたところからはじまる。その島は、大木が茂り、果物が豊かで、花に富み、鳥が住み、清らかな水が流れている。しかし家と人はいっさい影も形もない。取り残されたシンドバードは、白いドームを発見する。そのドームは、外周150歩もあった。ここでその該当箇所を引用してみよう。

※「船乗りシンドバードの物語」

シンドバードは、シンドバッドと訳されることもあります。

49

——（前略）いったいどうしたらこのドームにどこか入口か出口がみつかるかと思案していると、そのとき突然太陽が隠れて、昼間は真暗な夜と変じるのに気づいた。最初は、これは大きな雲が太陽の上を通ったのだろうと思った、まあ真夏にそんなことはありえないというものの、そこで自分を驚かすその雲を見届けようとして頭をあげてみると、一羽の恐ろしく大きな翼の巨大な鳥が、太陽の眼の前を飛んで、こうして太陽をそっくり隠して島の上に暗闇を広げているのを見たのであった。

そこで私の驚きは極点に達したが、そのとき、若い頃、旅行者や水夫から聞いた、「ロク」といって、ごく遠方の島にいる鳥で、象を持ち上げる*ことができるという、とほうもなく大きな鳥のことを思い出した。そこで、今自分の見ているやつは、きっとそのロクに相違なく、今自分が麓にいるこの白いドームは、そのロクの卵のなかのひとつに相違ないと、こう推定した。けれどもそう思う間もなく、その鳥は卵の上に舞い下りて、卵を抱くようにその上にとまった。果して、その途方もなく大きな両の翼を卵の上に拡げ、両脚を卵の両側の地上に置き、そのまま上で眠ってしまった！（後略）——

ロク（ルフ）をめぐる話は第296夜にもつづき、シンドバードはロクのあしに自分をしばりつけて、島からの脱出をはかる。シンドバードのその後が気になる方は、ぜひ、『千一夜物語』をご覧いただきたい。

　2夜にわたる物語ながらも、ルフに関する描写は「大きい」ということ以外にほとんど存在しない。しかし、その大きさたるや、「外周150歩の卵を産み」「その卵の両側に

※象を持ち上げる

ちなみに、アフリカゾウの大きさは成獣のオスで7.5tに達します。普通自動車5台分くらいですね。これを持ち上げられたというのならば、トンデモナイことです。

脚を置くことができ」しかも「象を持ち上げ」「シンドバード自身を足に結びつける」ことができる。

相当な大きさである。

 マルコ・ポーロが"記録"する

『完訳 千一夜物語』の訳者による解説文によると、『千一夜物語』における「船乗りシンドバードの物語」は、10世紀以前から伝わる民話を収録したものであるという。圧倒的存在感を示すこの物語が、ルフの存在の"布教"に大きな役割を果たしたことは疑うべくもない。その一方で、『千一夜物語』は、あくまでも民話に由来するものであるし、ルフに関する記述の少なさから考えれば、これだけならば"正体のある怪異"とみなすことはできないだろう。

そう、『千一夜物語』だけならば。

しかし、20世紀の詩人・小説家であるホルヘ・ルイス・ボルヘスによる『幻獣辞典』では、ルフに関する記述として、気になる書籍を参考として挙げている。

それは、『東方見聞録』だ。

『東方見聞録』は、13世紀の後半に活躍したヴェネツイア生まれの旅行家、マルコ・ポーロによる旅行記である。マルコ・ポーロは、1271年に中国を訪問し、元帝国の初代皇帝であるフビライ・ハーン※に外交官として仕えた。その後、1295年にヴェネツイアに帰国。ヨーロッパにおける戦争に参加したところ捕虜となり、獄中で旅の記録をまとめることになった。その本こそが『東方見聞録』であり、アジア各国に関するさまざまな記録、帰路に寄ったアフリカ東岸地域の記録などが記されている。「黄金の国ジパング※として、日本のことをヨーロッパに紹介した本」とい

※フビライ・ハーン

モンゴル帝国を築いたチンギス・ハーンの孫です。元帝国（元朝とも）は異民族による中華帝国で、フビライはその開祖となりました。現在の北京を建設した人物としても知られています。クビライ・ハーンとも呼ばれます。

※黄金の国ジパング

「島では金が見つかるので、彼らは限りなく金を所有している」「法外の量の金で溢れている」「（君主の宮殿は）屋根がすべて純金で覆われている」といった具合に、日本を黄金だらけの国として紹介しています（記述はすべて『マルコ・ポーロ　東方見聞録』より引用）。

えば、ご記憶の方も多いのではないだろうか。

　この記録の中に、ルフのものとみられる記述がある。ここでは、オリジナルに近い翻訳がなされているとされる岩波書店の『マルコ・ポーロ 東方見聞録』（月村辰雄・久保田勝一訳）から、その該当部分を紹介しよう。マダガスカル島に関する記述の中にそれはある。

──（前略）これらの南の島々には、一年のうちのある季節、怪鳥グリフォンが出現すると伝えられている。この鳥は、私たちが考えているものとは異なっているそうで、それらの島々に実際に出かけ、グリフォンを見た人たちがマルコ殿に語ったところによれば、それは鷲に似ているが、度はずれて大きかったという。彼らの話によれば、全長は 30 パほど、翼の長さは 12 パほど。たいへんに強く、その脚で象を捕らえると空高く運び上げ、それを空中から落として殺すと、その上に舞い降りて心ゆくまで肉を食べるそうである。それらの島の住人はこの鳥をわずかに「リュ」という名で呼んでいる。ほかにもこれほどおおきな鳥がいるのか否か、また、これがほんとうにグリフォンという鳥なのか否か、私にはわからない。ただいえるのは、この鳥は私たちが想像しているのと異なり、下半身がライオンで、上半身が鷲の姿をしているわけではけっしてない、ということだ。とにかく強大で、まったく鷲に似ているのである。（後略）──

　マルコ・ポーロ自身が文中で言及しているように、これはグリフォンではなかろう。なお、グリフォンに関しては本書の26ページからはじまる2章でその正体に迫っているので、未読の方はのちほど参考にされたい。

　「島に生息し」「象を持ち上げる」「大きな鳥」という点は、

まさにルフの描写そのものだ。

しかも、『千一夜物語』よりも『東方見聞録』は、この怪鳥に関する情報が多い。まず、姿形はワシに似ている。そして、『マルコ・ポーロ 東方見聞録』に収録された度量衡換算表によると「1パ」は「約150cm」とあるから、全長は45m、翼の長さは18mとなる。45mの巨体に18mの翼！「そりゃあ、陽も陰るわ！」とシンドバードの物語との共通点をここにも見つけることができるだろう。現生鳥類で最大といわれるワタリアホウドリ（*Diomedea exulans*）であっても、翼の長さは3mほどだ。ルフ（『東方見聞録』の作中ではグリフォン）は、その6倍もの翼を持っていたということになる。

もっともいくらなんでもこの数値は突飛をずば抜けすぎであり、そのまま信用するわけにはいくまい。しかも、話自体はマルコ・ポーロ自身がみたわけではなく、あくまでも伝聞系である。その点を考えれば、彼が聞いた話のままに記録したとしても、その時点ですでに誇張が入っていた可能性もある。

※全長は45m、翼の長さは18m

参考までに、ボーイング787は全長56.7m。全幅は60.1mです。さすがにジェット旅客機ほどとはいえませんが、それでもその8割近い大きさがあったことになります。やはり、トンデモナイ！

"飛べない巨鳥" が正体？

『東方見聞録』におけるルフ（グリフォン）の話の舞台が、マダガスカルということから、ルフの正体は「エピオルニス（*Aepyornis*）」ではないか、とかねてより指摘されてきた。

エピオルニスは、17世紀の半ばまでマダガスカルに生息していたとされる鳥類だ。マルコ・ポーロの旅は13世紀後半のことなので、まだエピオルニスがいた時代に彼はこの島を訪ねたことになる。

エピオルニスは「巨鳥」として知られ、英語では「elepahnt bird」（象鳥）と表現される。身長は3m、体重は450kg、その卵は長径40cmに達したというから、その存在感は確かに凄まじい。現生最大の鳥類であるダチョウは身長2.7mほどだから、エピオルニスはダチョウよりもちょうど一回り大きいといったところだ。

エピオルニス
この飛べない鳥は、かねてより「ルフの正体」の最有力候補として知られています。その理由の一つとして挙げられる卵の大きさは、高さ30cmに達しました。

ダチョウと同じく、エピオルニスは飛べない鳥である。翼が小さく、また飛翔ができるほどの筋肉は発達していなかった。近年の遺伝子解析によると、エピオルニスはニュージーランドの現生種であるキーウィに近縁であるらしい。キーウィもやはり飛べない鳥ではあるけれども、全長50cmほどしかなく、サイズはエピオルニスとは似ても似つかない。ちなみに、ダチョウといえば、その足が速いことで知られる。最高時速は70kmに達するというから、日本の一般道路では速度超過の快足である。しかし、エピオルニスはダチョウと比べると脚が太くがっしりとしており、重い。そのため、ダチョウほどの速度は出せなかったとみられている。

　なるほど。確かに、サイズ感はだいぶ異なるとはいえ、「巨大な鳥」という点は『千一夜物語』や『東方見聞録』の記録と整合的といえなくもない。その大きな卵は、『千一夜物語』でシンドバードが出入り口を探したとする"白いドーム"を彷彿とさせるし、がっしりとした脚は「ヒトをそこに結びつける」という発想へとつながるかもしれない。

　ただし、『東方見聞録』の時期には、まだエピオルニスが生存していたということは、注目すべき点だろう。『東方見聞録』の時期にまで生存していたのであれば、ルフのモデルとしてはいささか不正確ではないだろうか。『東方見聞録』、そして『千一夜物語』にも、ルフは「空を飛ぶ怪鳥」として登場する。しかし、エピオルニスは飛ぶことはできなかった。実際にエピオルニスを見ているのであれば、飛べない鳥から生まれた伝承が「飛翔」に絡むものとなるだろうか。しかも、『千一夜物語』と『東方見聞録』のどちらにも、ルフの飛翔についてそれなりに行数が割かれているのである。

もしもエピオルニスが、『東方見聞録』あるいは『千一夜物語』の伝承が生まれるよりも前に絶滅しており、その化石のみが発見される状況、もしくは存在の伝承のみがぼんやりと残る状況であれば、誇張を含めて、ルフへとつながる可能性があるだろう。

　しかし、そうではない。

　さらに、実際にエピオルニスがモデルというのであれば、その顔つきが『東方見聞録』で記されるような「ワシ」とは随分とイメージが異なることも大きな不一致点である。エピオルニスのクチバシは、ワシほどに鋭くないのだ。

　こうして見ると、エピオルニスは「大きい」という点以外は、ルフの記述とは整合的ではないことに気づかされる。その大きさについても、ヒトのからだをその足に結びつけたり（『千一夜物語』）、ゾウを捕らえて持ち上げる（『東方見聞録』）というイメージからはほど遠い。

 ## ヒントは少ないほど良い？

　人々が怪異を“生み出す”ためには、その素材は不完全であるほど良いだろう。その方が想像の余地が生まれ、ユニークな怪異がつくられやすい。

　その意味では、1987年に刊行された『A SHORT HISTORY OF VERTEBRATE PALAEONTOLOGY』（著：エリック・ブフェタウト）で紹介されている話が興味深い。1880年代のアルジェリアで、あるフランスの地質学者が30を超える恐竜類の足跡化石を見つけた。その足跡化石群は、現地では巨大な鳥が残したものと考えられていたという。2001年にアメリカのエイドリアン・マイヤーと、カナダ、サスカチュワン大学のウイリアム・A・S・サージェ

ントが発表した論文では、この足跡を残したとされる恐竜類こそが、アラブの世界で語り継がれるルフの正体ではないか、と指摘されている。

　恐竜類にもさまざまな種類があり、さまざまな形状の足跡を残す。このうち、獣脚類と呼ばれるグループの恐竜たちの足跡は3本指で、鳥類のそれと酷似している。……もっとも、鳥類は獣脚類の中の1グループであるので、その近縁種たちの足跡が似ていることは、当然といえば当然だ。

　残念ながら、1880年代の足跡化石に関する資料は

恐竜の足跡の画像

北アフリカ・モロッコ王国、高アトラス山脈中央部のイウアリデン盆地で撮影されたジュラ紀後期の地層に残る恐竜の足跡化石です。獣脚類のものであり、マイヤーとサージェントはこうした足跡化石がルフの発想の元になったのではないか、とみています。

（撮影：石垣忍）

筆者には見つけられなかった。ただし、獣脚類の化石が見つかる地域であれば、その足跡化石が見つかってもあまり不思議ではない。マダガスカルをはじめ、もちろんアルジェリアなどのアフリカ北部でも多くの獣脚類の化石は報告されている。そして、実際に足跡化石も確認されているのだ。

　こうなるとどれほどの大きさの獣脚類の足跡が残っていたのか、という話になる。極端な例を挙げるとすると、おそらく最も有名な獣脚類である全長約12mのティラノサウルス（*Tyrannosaurus*)の足のサイズは90cm前後になる。ティラノサウルスの足跡化石そのものは現時点では見つかっていないけれども、それでもやはり相当な大きさの足跡を残したであろうことは疑いない。

　ティラノサウルスだけではない。同じ獣脚類にはティラノサウルスと同等以上の大きさを持つティラノティタン（*Tyrannotitan*）という恐竜もいた。大きな足跡を残す種は、珍しい存在ではなかったのだ。

　ただし、ティラノサウルスの生息していた地域は北アメリカであり、ティラノティタンは南アメリカだ。どちらもルフの舞台となる地域から離れてはいる。ルフの舞台となるアラブ世界の"恐竜事情"はどうだったのか？

　実は、ティラノサウルスを上回る全長15mの巨体の持ち主であるスピノサウルス（*Spinosaurus*）や同等の全長を持つカルカロドントサウルス（*Carcharodontosaurus*)といっ

ティラノティタン
全長13mの大型獣
脚類。アフリカのカ
ルカロドントサウル
スの近縁種です。

た大型の肉食恐竜の化石がアフリカ北部の各地から見つかっている。こうした大型の獣脚類が残した足跡の化石が、アフリカ北部で見つかったとしても不思議はない。

恐竜が「恐竜」として認識されるようになったのは、19世紀のことである。『千一夜物語』のシンドバードの物語の舞台とされる10世紀以前、もしくは、『東方見聞録』の舞台である13世紀後半では、『A SHORT HISTORY OF VERTEBRATE PALAEONTOLOGY』の話にあるように獣脚類の足跡を見て、それを鳥のものと判断した可能性は高い。

ここから連想を働かせて、ルフという怪異を生み出したのではあるまいか。

ちなみに足のサイズが90cm前後のティラノサウルスの腰の高さは3m近くなる。それだけ、太く長い脚を持っていた。当時の識者が足跡化石から未知の動物（ルフ）の大きさを推測し、「ヒトのからだをその足に結びつけることができる」と想像したとしても、さほど不思議なことではないはずだ。

スピノサウルス

最大の獣脚類。帆を持つことで知られています。2014年に発表された研究では、獣脚類としては珍しく四足歩行をしていたとされました。この研究では、主に水中生活をしていた可能性も指摘されています。

カルカロドントサウルス
全長12mの大型獣脚類。ティラノサウルスと同等のサイズを持ちます。北アフリカの肉食恐竜の代表的な存在です。

ONE POINT COLUMN

流布された誇大表現

ルフの描写は「大きな猛禽」とあり、この時点で形態学的な考察はおおむね終わっているため、古生物学的にアプローチしにくい対象です。大きさに関してもリアルを超越したスーパーサイズで、どうしたものでしょう。

ルフの原型に迫る段では、かつて地球上に生息していた巨鳥をモデルにしているのではないか、という仮説が示されています。いまやダチョウくらいしか目にすることができませんが、かつてはエピオルニス、ジャイアントモア、恐鳥類など多くの巨大な鳥類がいました。

それらの多くが、ヒトの手あるいは肉食の哺乳類によって絶滅の憂き目に遭っている現状を見ると、ヒトでありなおかつ肉食哺乳類を研究している私は、一抹の罪悪感にさいなまれてしまいます。

さて、本文中ではルフの話のもとになった鳥類として、エピオルニスに焦点を当てています。その舞台はアフリカの東にある大きな島、マダガスカル島です。

マダガスカル島は、現在も島固有の珍しい動物が数多く生息しています。なぜかというと中生代のおよそ1億4000万年前にアフリカ大陸から分裂し、その後9000万年前くらいにさらにインド亜大陸と分裂しており、新生代を通じで陸上動物の移動が制限されているからです。マダガスカル島にもキツネザルやフォッサ、テンレックなど中・小型の哺乳類がいますが、彼らの祖先は、大陸側の河川の洪水などで流されて数百kmの海峡を漂流してたどり着いたと考えられています。

一方、大型の哺乳類は渡ってきてはいないので、マダガスカル島ではゾウをわしづかみすることができません。ゾウガメなら近くの島々に今も生息しているのですが、この種は和名がゾウガメなだけで、海外ではgiant tortoiseで通っているため、ゾウの代わりには使えませんでした。

このようなことから、巨大な鳥のイメージが何かしら現実のものから影響を受けたと仮定するならば、私としても恐竜化石あたりに落ち着くのではないかという印象です。鳥類系統の不思議な生き物に関しては、現時点だと困ったら「恐竜がモデル」という逃げ道に入りがちですが、飛翔を考慮に入れなければならない分、なかなか柔軟な発想が難しいところです。

典型的なキュクロプス

キュクロプスは、一つ眼の怪異であり、神でもあります。ギリシア神話の最高神として名高いゼウスに雷を与えたことでも知られています。キュクロープス、サイクロプスとも呼ばれます。

4章

キュクロプス

「キュクロプス」はギリシアの神だ。額の中央に丸い眼が一つだけあるとされ、腕力と技術に優れた神として知られる。その神は「ギリシア最古の大英雄叙事詩」に登場する。本章では、まずはこの一つ目の神の概略に触れ、その後、その発想の元とされる化石に迫ってみよう。

Cyclops

どこまでが神話であり、どこからが歴史であるのか。

ギリシア神話に燦然と輝く「トロイア戦争※」。古代のギリシアは現在のような単一国家ではなく、都市国家群だった。トロイア戦争は、この都市国家の一つ、スパルタ王の妻ヘレネーを、トロイアの王子が奪った事に端を発する戦いだ。

妻の"誘拐"に怒り狂ったスパルタ王は、ヘレネー奪還のための軍事作戦をギリシア中の王たちに呼びかけた。この戦争にはギリシアの神々も参加して、10年におよぶ長期戦となった。

おそらく日本において、トロイア戦争を有名たらしめているのは、「トロイアの木馬」（トロイの木馬）の話が大きな役割を果たしているだろう。

トロイア戦争末期、ギリシア軍は胴内部を空洞にした巨大な木馬をつくり、その中に兵士たちを潜ませた。そして、その巨大木馬をトロイア城外に残して、ギリシア軍は撤退。それを見たトロイア軍は、巨大木馬を戦利品として城内に運びこむ。しかし、夜になって巨大木馬の胴内に潜んでいた兵士たちが城内を攪乱。あわせてギリシア軍は反転攻勢へと移り、トロイアは陥落する、という話である。

この「トロイアの木馬」の発案者とされる人物の名をオデュッセウスという。ギリシア、イタケー島の王であり、12艘の船を率いて参戦していた。

トロイア陥落後、諸将は帰国の途につくことになる。オデュッセウスも、自領のイタケー島をめざすが、その途上で嵐に襲われて漂流する事態になった。そして、この漂流を契機として、オデュッセウスは、10年にわたる冒険を行

※トロイア戦争

トロイ戦争とも。神々が参加した記録があるなど、神話の世界の戦争のように見えます。しかし、19世紀末にドイツの考古学者ハインリヒ・シュリーマンによって都市遺跡が発見されたため、「どこまでが神話で」「どこからが歴史」なのかが不鮮明なものとなっています。

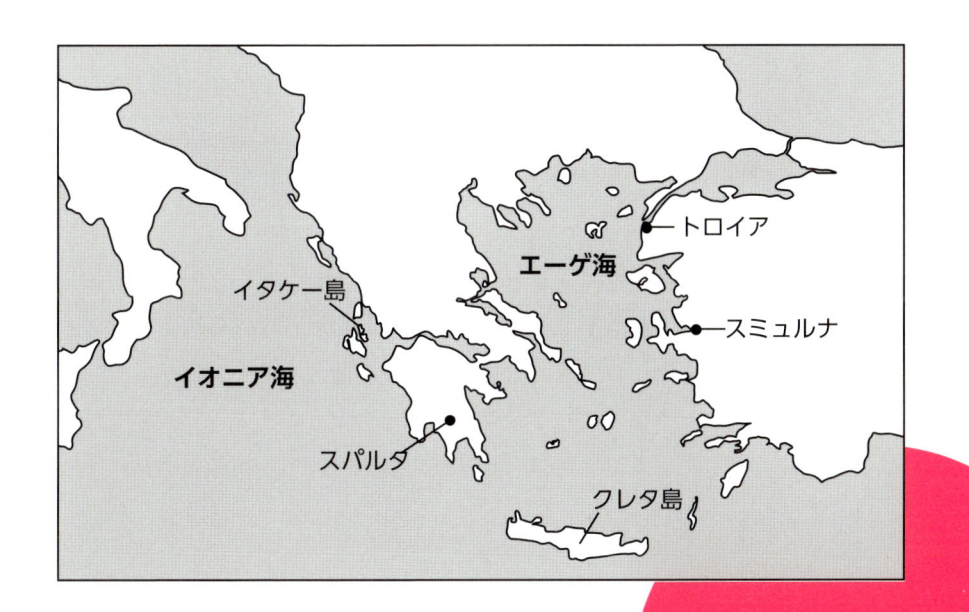

う。その冒険をまとめた物語が、詩人ホメロスによる『オデュッセイア』だ。「ギリシア最古の大英雄叙事詩」とされる。

さて、前置きが長くなった。キュクロプスは、この叙事詩に登場する"怪異"だ。ここから先は、松平千晶訳の『オデュッセイア』を参考にしながら、話を進めていこう。

『オデュッセイア』の第九歌で、オデュッセウス自身の口からキュクロプスの国での冒険が語られる。なお、キュクロプスとは個体名ではなく、「キュクロプス族」という形で綴られる。この一族に対して、オデュッセウスの語り口は、容赦がない。

—— やがて**野蛮非道な**キュクロプス族の国に達したのだが、この**者**たちは**不死**なる**神々**を当てにして、**自ら手を労して種子を蒔く**ことも**畑を耕す**こともせぬ。（**中略**）。**彼ら**は高い**山岳の頂き**にある、空ろな洞窟に住み、そ

この章の舞台となる場所
イオニア海からエーゲ海にわたる島々と沿岸地域とキュクロプスにはどんな関係があるのでしょうか。地図中の文字は本章で登場する地名や国名、都市名です。

れぞれ**自分**の**妻子**は**取り締**まるけれども、**他**とは**全く無関心**で暮らしている。——

そして、オデュッセウスは、部下とともにキュクロプスのある個体に近づき、次のように描写する。

—— ここに**雲突**くごとき**図体の男**が寝泊まりし、**他の者**からたったひとりで**家畜の世話**をしている。**他の者**とは**往き来**せず**独り住**いで、**胸中**に**無法**なる**根性を秘**めている。まことに**驚**くべき**巨大な怪物**で、パンを**食**って**生**きている**人間**とは**似**ても**似**つかず、むしろ**高く聳**える**山々**の**間**で、**諸峰**にぬきんでて、**樹林を戴**きひとり**天を指**す**高峰**といったところ。——

オデュッセウスは、このキュクロプスに自分と部下とを客人としてあつかってくれるように要求するが、このキュクロプスはその要求を聞かず、オデュッセウスの部下を殺し、そして食べてしまう。どうにも、ギリシアの人々にとって、「キュクロプス」＝「隻眼」であることは自明のことであるらしく、ことここに至っても、大きさと性格についての描写ばかりで、キュクロプスの風貌そのものについては、言及されていない。

キュクロプスが隻眼であることに言及されるのは、このキュクロプスを倒す場面である。オデュッセウスは、策をつかってこのキュクロプスを眠らせることに成功する。そして、たった一つの眼を潰しにかかるのだ。

—— **部下**たちが、**先を尖**らせたオリーヴの**丸太を掴**んで、キュクロプスの**一つ眼**に**突き刺**すと、わたしは**上**からのしかかって、ぐるぐると**回転**させた。——

読んでいるだけで、痛くなりそうな描写である。しかし、キュクロプスが一つ眼であることに言及した貴重な場面だ。

ホメロス

オデュッセウスの旅の物語である『オデュッセイア』は、詩人ホメロスによる英雄叙事詩だ。では、この物語を生み出したホメロスは、どのような人物であったのだろう？彼はどこで、この物語の着想を得たのだろうか？

世界中の古今東西の著名人を収録した『岩波=ケンブリッジ 世界人名事典』によると、ホメロスは前9世紀ごろの詩人とされる。生地不明。おそらく、ギリシアの植民地の生まれとされる。前9世紀といえば、西洋社会ではギリシア人の地中海進出が本格化していたころで、第1回オリンピア（のちのオリンピック）の開催よりも数十年ほど古い時代である。

岩波文庫から出版されている『イリアス※』（松平千秋訳）には、歴史家ヘロドトス※による『ホメロス伝』が収録されている。こちらは世界人名事典よりも詳細である。

ホメロス伝によると、ホメロスはエーゲ海に面するスミュルナ（現在はトルコのイズミル）で生まれた。当初の名を「メレシゲネス」といい、塾の講師で身を立てていたという。その後、メンテスという人物に誘われて塾を閉じ、船旅に出発。この船旅の間に、さまざまな場所を訪ね、その記録を残したとされる。

その後、イタケという都市に立ち寄った。『ホメロス伝』によれば、このイタケにおいて、オデュッセウスに関わるさまざまな伝承を聞き知ったようだ。イタケは、オデュッセウスの故郷とされる「イタケー島」なのかもしれない。

この旅の間に、メレシゲネスは眼を患い、ついには失明してしまう。そして、スミュルナに返った後に、詩作に専念するようになったとされる。ホメロスという名は、もと

※『イリアス』
『オデュッセイア』と並ぶホメロスの代表作。『イーリアス』とも。トロイア戦争末期の英雄たちの活躍を描いた叙事詩です。

※ヘロドトス
その名もずばり『歴史』という著作を残した前5世紀の歴史家です。『歴史』には、各地を旅行して集めた素材をもとに、ギリシア人とペルシア人の戦争が記録されています。「歴史の父」といわれる有名人。

もと「盲人」という意味だったらしい。あるときからメレシゲネスは、そのホメロスという単語を通り名とするようになった。

　その後、『オデュッセイア』や『イリアス』などを発表し、その名はギリシア全土に響くようになったという。

 ## "もう一つのキュクロプス"

　ホメロスよりも少し後の時代、前8世紀に活躍した詩人といわれるヘシオドスの『神統記』にもキュクロプスが登場する。こちらは、ギリシア神話の原典ともされる叙事詩である。岩波文庫から刊行されている廣川洋一訳の同書から、キュクロプスの登場場面を引用しよう。

―― **大地**はまた　**傲慢**な胆をもつキュクロプスどもを**生んだ**
　　ブロンテス　ステロペス　心たくましいアルゲスがこれで
　　ゼウスに雷鳴を贈り　雷電をつくりやった**者**どもである。
　　まことにこの**者**どもは　その他の点では**神々**（の御姿）に
　　生き写
　　しであったが
　　額のまん**中**に　**眼**はたった**一**つしかなかったのだ。
　　そこで**円い眼**と綽名されたが　それというのも
　　円いひとつの**目**が彼らの**額**についていたからである。
　　すでに　**体力　腕力　技術**ともに備わっていたのだ　彼ら
　　の業を
　　為す似あたっての。――（※改行位置は原文ママ）

　このうち、「円い眼」のところに「キュクロプス」というルビが振られている。

　キュクロプスという言葉が個体ではなく、一つの種族を現していることがここでもわかる。また、ここではからだ

の大きさについては言及されていないものの、「一つ眼」であり、その眼は「額のまん中」にあり、しかも「眼が円い」ということがはっきりと書かれている。「傲慢な胆をもつ」という描写は、『オデュッセイア』の「野蛮非道な」という描写と通ずるところがある。ただし、『オデュッセイア』と比べると、こちらのキュクロプスはいささか“神性”が強い。なにしろ、日本人にもおなじみであろう「ゼウス」に雷鳴を贈り、そもそも雷電をつくったとされるのだ。

さて、両物語にみられるキュクロプスの要素から着目すると、まず、キュクロプスは種族、すなわち「単体ではない」と思わせる元ネタがあったことを伺わせる。また、およそ人型ではあるものの、「額に円い眼をもつ」という特徴がまさにキュクロプスを探る上で手がかりになりそうである。「額に円い眼」という描写は、「もともとはヒトと同じ二つ目だったが、何らかの理由で隻眼になった」というよりは、「最初から眼は一つしかなかった」と考えることができよう。

キュクロプスの“正体”を探るにあたって、大きさについては神格化される上で巨大化された可能性はあるので、とりあえず「小型ではなかった」という程度で考えておこう。また、ホメロスがイタケー島あるいは、その周辺を旅をしていたときに、『オデュッセイア』の着想を得たのであるとすれば、地中海の中でもイオニア海やエーゲ海の沿岸に、キュクロプスのヒントがあるのかもしれない。

 ## 一つ眼巨人の正体？

実は、かねてよりキュクロプスの正体として挙げられている化石がある。それは、「ゾウ類（科）」の化石だ。

西洋の伝説や伝承と化石の関係をまとめた『THE FIRST FOSSIL HUNTERS』（エイドリエン・マイヤー著）によると、地中海地域の化石調査を行っていたオーストリアの古生物学者、オセニオ・アベルが1914年にその関連性を指摘したとされる。

現生のゾウ類は、長い鼻と大きな耳、そして陸上における最大の巨体を持つ哺乳類である。「アフリカゾウ*（*Loxodonta africana*）」と「アジアゾウ*（*Elephas maximus*）」、「マルミミゾウ*（*Loxodonta cyclotis*）」の3種が確認されている。このうち、最も大きい種はアフリカゾウで、その肩の高さは4mに達する。アジアゾウとマルミミゾウは、肩高3mほどで、サイズはほぼ等しい。

なるほど。ゾウであれば「小型ではない」ことは明らかだし、神格化される中で「巨人」のモデルになり得るかもしれない。しかし、アフリカゾウの生息域はサハラ砂漠以南の森林とサバンナ、アジアゾウはインドと東南アジアの森林と草原、マルミミゾウはアフリカ西部と中央部の草原である。いずれも、イオニア海やエーゲ海の沿岸には生息していない。これでは、ホメロスが出会うことも、また、その情報を収集することもいささか無理がありそうだ。

ただし、これはあくまでも「現生種」の話だ。

化石種にまで話を広げれば事情が大きく異なる。かつてのゾウ類はアフリカを故郷とし、ユーラシア各地、北アメリカ大陸までに進出しており、その化石は各地から見つかっている。それはギリシアにおいても例外ではなく、各地からゾウ類の化石の報告がある。

例えば、「マンモス（*Mammuthus*）」の化石だ。マンモスはゾウ類を構成する属の一つである。日本では、長毛で全身を覆った「ケナガマンモス（*Mammuthus primigenius*）」

メリジオナリス
マンモス

ヨーロッパではよく
知られたマンモス
です。ケナガマンモ
スのような長毛種
ではありません。

が有名だけれども、実際にはマンモス属は複数の種が存在する。その中でイオニア海やエーゲ海に面したギリシア地域から化石が報告されている種として、「メリジオナリスマンモス（*Mammuthus meridionalis*）」と「クレティクスマンモス（*Mammuthus creticus*）」を挙げることができる。メリジオナリスマンモスもクレティクスマンモスも、ケナガマンモスのような長毛種ではなかったとみられている。おそらく、その体表は現生ゾウ類とさほど変わるものではなかったことだろう。

メリジオナリスマンモスは、ヨーロッパではよく知られたマンモスで、その化石はギリシアのみならず各国から発見されている。肩高3m前後とされ、現在のアジアゾウやマルミミゾウとほぼ同じサイズだ。今から数百万年前の新第三紀鮮新世という時代から、数万年前の第四紀更新世という時代にかけて生息していた。

一方のクレティクスマンモスは、ギリシア南方の地中海に位置するクレタ島のみで化石が見つかっているゾウ類で、その肩高は1mほどと見積もられている。こちらは約200万年前、更新世前期のゾウ類である。クレタ島からは、他にも現生のアフリカゾウやマルミミゾウと同属の「ロクソドンタ・クレウツブルギ（*Loxodonta creutzburgi*）」や、アジアゾウと同属の化石も見つかる。また、クレモンティクスマンモスよりさらに小型の「ファルコネリゾウ（*Palaeoloxodon falconeri*）」の化石も見つかっている。

また、ギリシアの多くの地域から「パレオロクソドン・アンティクウス（*Palaeoloxodon antiquus*）」の化石が見つかる。パレオロクソドン・アンティクウスは、4m近い肩高のある大型種で、牙が比較的まっすぐのびていることを特徴とする。

　こうしたゾウ類の骨からヒトサイズ以上の怪異を想像することはそう難しくないかもしれない。肩甲骨をはじめとして、ゾウ類とヒトにはよく似た形の骨も多いのである。また、数もそれなりに発見されていることから、「個体ではなく種族」であるというキュクロプス像とも整合的だ。つまり、古代ギリシアの人々は、ゾウ類の化石が見つかったときに、それを個々の種に同定する（区別する）ことなく、「ざっくりとキュクロプス族の骨」と認識したのではあるまいか。

　さて、こうして見ると次なる問題は「一つ眼」の由来だろう。こうしたゾウ類の化石を見て、古代ギリシア人たちはなぜ「一つ眼」の怪異を生み出したのだろうか？

　現生のゾウ類の眼は二つであるし、絶滅ゾウ類をいくら探しても、眼が一つという種は存在しない。ゾウ類ど

ころか、そもそも脊椎動物の眼は二つである。

しかし、実はこれはさほど難しい話ではない。

牙のないゾウ類の頭骨をみれば、一目瞭然なのだ。

ケナガマンモスの頭骨をこのページに掲載した。これは現代日本のミュージアムパーク茨城県自然博物館で展示されている標本である。ケナガマンモスは、ギリシアに生息していた種ではないけれども、メリジオナリスマンモスやクティクスマンモスと同属であるし、何よりも「牙なし」で展示されているという貴重な標本である。この写真をご覧いただければ、「古代ギリシア人の想像も無理はない」

と読者の皆さまにも納得いただけるだろう。

　頭骨正面にぽっかりと大きな孔が開いている。これを古代ギリシア人は、眼窩（眼球の入る孔）と考えたというわけだ。しかし、この孔は正しくは「鼻の孔」だ。ゾウ類の眼窩は、その左右にある"へこみ"である。

　78ページには、たまたま筆者の手元にある人類（アウストラロピテクス・アファレンシス：*Australopithecus afarensis*）の頭骨レプリカを掲載した。

　比較してみると、一目瞭然である。私たち人類の眼窩は骨によって囲まれているが、ゾウ類の眼窩はそうではない。

人類の頭骨

筆者が所有しているアウストラロピテクス・アファレンシス（通称：ルーシー）の複製頭骨。大事なことは、アウストラロピテクス・アファレンシスという種ではなく、人類の頭骨であるということです。人類の頭骨では、眼窩のまわりに骨があります。

（Photo：オフィス ジオパレオント）

生きているゾウ類とその骨を見比べない限り、ゾウ類の眼窩を特定するのは難しかったかもしれない。そして、当時、ギリシア世界にはゾウ類の化石が見つかることはあっても、生きたゾウ類はおそらく生息していなかった（あるいは生息していても、それを確認できる人々は極めて限られていた）。つまり、生きたゾウ類とその骨を見比べる機会は少なかっただろう。ちなみに、76ページの画像では鼻孔の下に"良い感じの孔"があるように見えるが、これは凹みであって孔として貫通しているものではない。

　他の大型哺乳類とくらべると、ゾウ類の頭骨は吻部が比較的寸詰まりで、ヒトのそれに似ているという特徴もある。後頭部が大きく盛り上がっていることも、ヒトとよく似る特徴といえる。

つまり、かつて、こうした絶滅ゾウ類の頭骨化石を見つけた古代ギリシア人がキュクロプスを創造し、その伝承をホメロスが収集したと考えたとしても、それほど違和感のある話ではないのだ。

日本にも "一つ眼巨人"

　ゾウ類の頭骨化石が、キュクロプスのような "一つ眼巨人" の着想の元となるのであれば、同じように「かつてゾウ類がいた地域」でも、同じような怪異を生み出しても良さそうだ。

　この「かつてゾウ類がいた地域」には日本も当てはまる。日本においても、ゾウ類（科）の化石は発見されている。その代表ともいえるのが、「ナウマンゾウ*（*Palaeoloxodon naumanni*）」だ。その化石は、北海道から九州までのほぼ全国から産出する。東京で地下鉄の工事中に見つかった例もあるくらいで、「日本のゾウといえば、ナウマンゾウ」といっても良いくらいだ。

　ナウマンゾウは、他のゾウ類と同じくかつてアフリカにいた種を祖先とし、その後、ユーラシア大陸を東進しながら進化してきた。約34万年前に地球の気候が冷え込んだとき、海水面の低下にともなって、大陸と日本列島は地続きとなった。ナウマンゾウはこのときに日本列島にやってきて、とくに温暖期に勢力をのばしていったとみられている。姿を消したのは、約2万年前のこととされる。

　ナウマンゾウの特徴は、その頭部にある。額から頭の両側にかけて、目立つでっぱりがあるのだ。そのため、正面から見るといささか面長に見える。肩高は3mほどで、メリジオナリスマンモスとほぼ同じ大きさである。

※**ナウマンゾウ**

日本の近代地質学・近代古生物学の確立に大きく貢献したハインリッヒ・E・ナウマンにちなむゾウです。参考までに、ナウマンが自分自身で「このゾウは、naumanniだ」と名付けたわけではなく、日本人研究者がナウマンへの献名する形で命名しています。ちなみに、日本で見つかるゾウ類の化石は、ナウマンゾウだけではありません。

ナウマンゾウ

日本を代表するゾウ類。頭部の
でっぱりのため、「シルクハット
をかぶっているような」と形容さ
れることもあります。

ナウマンゾウの頭蓋骨（牙なし）を見つけたかつての日本人は、キュクロプスのような怪異を生み出さなかったのだろうか？

　実は、該当する怪異※がいるのだ。

　1737年（いわゆる江戸時代中期。第八代将軍吉宗の時代）に、画家の佐脇嵩之が描いたとされる『百怪図巻』、作者・制作年ともに不詳の絵巻物『化け物づくし』、同じく作者・制作年ともに不詳の絵巻物の『化物絵巻』に「目ひとつぼう（目一つ坊）」なる妖怪が登場するのである。

　これらの絵巻物にはサイズに関する記述はないものの、目一つ坊の姿は袈裟を羽織って、頭部がやたらと縦に長いという点で、『百怪図巻』『化け物づくし』『化物絵巻』で共通する。しかもその眼は、キュクロプスと同じく額中央に一つだけ。しかもかなり大きいのだ。

　同じように、袈裟を着た一つ眼の妖怪としては、「青坊主」なるものがいる。こちらは、1776年（第十代将軍家治の時代）に、画家の鳥山石燕によって描かれた『画図百鬼夜行』に登場する。目一つ坊とくらべると、いささか"人間的"で頭部が相対的に小さいといえるかもしれない。妖怪絵巻7作を収録した『続・妖怪図巻』の編著者である、川崎市市民ミュージアム学芸室室長の湯本豪一によると、目一つ坊と青坊主は同一の妖怪であるという。そして、『妖怪辞典』（著：村上健司）には、青坊主は岡山県の妖怪であるとされている。

　どれほどの関係があるのか定かではないが、岡山県の面する瀬戸内海は、古くからナウマンゾウ化石の多産地帯として知られている。面長のゾウ類化石が見つかる地域に、面長で一つ眼の妖怪。なんとも奇妙な一致で面白い。

※該当する怪異

この怪異の"元ネタ"はナウマンゾウに限定されず、日本各地で見つかるさまざまなゾウ化石の可能性があります。

81

目一つ坊イラスト

日本の"一つ眼怪異"。「一つ眼の怪異」というと、つい例の親父さんが思い浮かぶかもしれませんが、あちらは「一つ眼の怪異」というよりは、「眼球の妖怪」です。サイズは不明です。

ONE POINT COLUMN

キュクロプスかサイクロプスか

　Cyclopsは、日本では英語語風に読む「サイクロプス」ほうが一般的かもしれません。ギリシア神話に登場する生き物は、日本ではギリシア語読みだったり英語読みだったり、ごっちゃになっています。Centaurusはギリシア語風でケンタウロス、英語風だとセントールです。Cerberusはギリシア語風でケルベロス、英語風だとサーベラス、という感じでしょうか。今回のコラムは、発音や表記について少し考えてみましょう。

　古生物分野に限らず、日本語で動植物の学名を発声したりカタカナ表記するときは、ラテン語やギリシア語に寄せることが一般的です。日本でも年配の方が恐竜の名前によく付いている -saurus（ギリシア語でトカゲの意）をドイツ語風に「ザウルス」と読む方がいらっしゃいます。これは、日本がかつて自然科学を積極的に学んでいた国がドイツだったからです。海外の研究者だと、それぞれが母国語発音する場合があって、けっこう混乱します。

　私がまだ駆け出しの大学院生だったころにアメリカの研究者のいう「プロサイオン」がわからず、何度か問答してようやくプロキオン（Procyon）、つまりアライグマだということがわかった、ということがありました。霊長類研究所にいたときに、国際学会で来所していたフランス人研究者が「私はオミニドを研究しているわ」というのですが、オミニドがわからず「オモよ、オモ」と繰り返し聞いているうち、フランス語風に「H」の発音をしていないのだと気づき、ようやく人類（＝Hominid）とヒト（＝Homo）だということがわかりました。

　「コエラカンサス（Coelacanthus）」が日本で定着しているシーラカンスのことだと気づくのは、知らなければ難しいでしょう。私が最も難儀した例としては、南米アルゼンチンで、パナマ地峡がつながった時に北米から侵入して巨大化したアライグマ「Chapalmalania」で、これは現地でどうしても聞き取りできませんでした。むりやりカタカナで書くとすると「チャパルマラニア」といったところでしょうか。

　ただ、学名をちゃんと発音できなくても、話している間にお互いわかってくるので大きな問題になることはありません。

典型的な龍
四神の一角をなす「青龍」。おそらく多くの日本人が思い描く「龍」といえば、こちらの姿ではないでしょうか。

5章

龍

「龍」、あるいは「竜」。そして、「ドラゴン」。世界中にその伝説・伝承は古くから残り、その骨は洋の東西を問わずして珍重されてきた。十二支における唯一の空想動物でもある。

"龍の正体"を恐竜の骨に求めることは簡単だ。なにしろ、爬虫類的な容姿や大きなからだなど、恐竜と共通する点は少なくない。しかし本章ではあえて、恐竜以外の"さまざまな龍の正体"に迫ってみる。龍に関する基礎情報をまとめたのちに、龍の正体とされる、日本のある古生物にまつわる仮説、滋賀県と群馬県で見つかった龍骨、西洋のドラゴンをめぐるいくつかの話題を紹介しよう。

中国に見る「龍」

　あなたの持つ「龍のイメージ」は、どのようなものだろうか？

　7世紀末から8世紀初頭に築造された日本の奈良県にある高松塚古墳※には、いわゆる「四神像」※の一つとして、「青龍」の姿が描かれていた。それは、蛇のように長いからだを持ち、その背にはびっしりと鱗が並んだ姿であり、頭部はワニのように平たくて、鋭い牙があり、2本の鋭いツノがある。四肢を持ち、その先の指は3本、あるいは4本。前肢のつけ根、いわゆる肩にあたるところには翼と思わしき構造がある。

　この青龍に代表されるイメージが、私たちの思い浮かべる"龍の姿"ではあるまいか。

　たとえば、インターネットにおいて「龍」で画像検索を行うと、古今東西のさまざまな龍の画像がヒットする。それらは概ね、この青龍のイメージと大きく変わりはない。ちがいがあるとすれば、こうして検索でヒットする多くの龍のイメージでは、長い髭が描かれているということくらいだろう。高松塚古墳の青龍には長い鬚はない。また、翼の有無、脚の指の本数が作品によって異なる。

　四神像が中国から由来したものであるし、日本の龍のイメージも中国由来と考えて差し障りはないだろう。

　そして、中国における龍の歴史はとてつもなく古い。

　静岡大学の荒川紘が著した『龍の起源』によると、殷の時代から龍が"確認"できるという。紀元前14世紀の話だ。それは甲骨文の中に文字の一つとしてみられ、蛇の文字にツノをつけたものと解釈されている。同時代の青銅器にも龍が描かれており、長い胴とツノのある頭部、四肢が見て

とれる。荒川は「中国で龍が蛇から区別される決定的な特徴というのは角そして足なのであった」と書く。

　北海道大学の中野美代子による『中国の妖怪』では「龍の姿が、より具体的に意識され、文献に記されるようになったのは後漢のころである」としている。2世紀の話だ。同書では、龍の「九似説」が紹介されており、「角は鹿に似、頭は駝に似、眼は鬼に似、項は蛇に似、腹は蜃に似、鱗は魚に似、爪は鷹に似、掌は虎に似、耳は牛に似」とある。ちなみに、蜃も怪異ではあるが、これは大蛇を指すというから、要は"胴体"が蛇に似ていると解釈して良いだろう。

　これぞ、龍の特徴を記した具体的な"記載"だ……というわけでは実はないようだ。九似説自体にもぶれがあ

九似説の龍
九似説の記述にもとづいて、久正人氏に"復元"してもらいました。

る。『中国の妖怪』では「眼は兎に似」「鱗は鯉に似」という記述も紹介しており、「どうもそのほうが正しそうである」と続けている。また、『龍の起源』ではその先の記述も紹介しており、背には81枚の鱗、口元には鬚髯、喉下にはそれに触れると激しく怒り出す「逆鱗」があるという。

ややこしいのは、中国における龍のイメージは伝承の中で膨らんでおり、一定ではないということだ。そして、そもそも中国における龍は1種ではない。例えば、『中国の妖怪』によると、紀元前2世紀末の書物の中に、「飛竜」「応龍」「蛟竜」「先龍」との4種の龍の記述がみられるという。これらの龍は、それぞれ鳥類、哺乳類、魚類、甲殻類の祖先に位置づけられているようだ。

 ## 四肢のあるヘビもいる

龍のイメージがヘビと重なる一方で、「ヘビとはちがって龍には四肢がある」と指摘して、「ヘビと龍のちがいは『脚』の有無だ」と決めつけるのは、古生物学的には、いささか早計といわざるをえない。

なぜならば「ヘビに脚がない」というイメージは、あくまでも現生種の話だからだ。かつて、ヘビにも四肢はあった。そうした「脚のあるヘビ類」の化石は、中生代白亜紀の地層から複数種発見されている。

とくに文献等で、龍との関わりが指摘されているわけではないけれど、一つの豆知識として「脚のあるヘビ」について触れておこう。よく知られているのは、イスラエルの約9800万年前の地層から化石が発見された「パキラキス・プロブレマティクス（*Pachyrhachis problematicus*）」だ。このヘビは全長1.5mほどのウミヘビで、小さな後脚が確認

されている。また、アルゼンチンの約9300万年前の地層から化石が発見された「ナジャシュ・リオネグリナ（*Najash rionegrina*）」にも小さな後脚があった。こちらは全長2mほどの陸のヘビである。

　こうした原始的なヘビの化石は、ヘビがかつて四肢を持っていた証拠とされている。現在の主流の考え方によれば、ヘビはかつてトカゲに似た姿を持った陸上爬虫

類で、何らかの理由で四肢を失ったとされている。パキラキスやナジャシュは、トカゲに似た爬虫類から「足のないヘビ」が誕生する途中段階の動物とみられ、いわゆる「ミッシングリンク」に相当する。この両種の化石からは、ヘビが脚を失う際には、まず前脚を失ったことがわかる。

　古生物学界では、トカゲに似た爬虫類からヘビが進化した場所が、海か陸かで議論が行われている。ちなみに、パキラキスがウミヘビであり、ナジャシュは陸のヘビである。海で進化したという見方の場合は水中を泳ぐ際に四肢が不要となったとみる。一方で、陸で進化した場合は、半地中生活をおくるうちに四肢が不要となったとみる。結論はまだ出ていないが、ヘビ類に近いとされる別の化石の分析からは、陸上進化説が優勢だ。

　ヘビ類の進化が海で行われたのか、陸で行われたのかは別として、パキラキスとナジャシュの両方で確認されている後脚が「小さい」ということは、龍との関係を考える上でポイントとなるだろう。多くの龍においても、その四肢は全長と比べて小さく、それが移動に際して主体的に使われていたとはとても思えない。

　「そうはいっても、パキラキスもナジャシュも後脚だけではないか。龍は『四肢』だ」と思われる方もいるだろう。そう、龍の脚は4本あるのだ。これは、パキラキスやナジャシュと異なる点である。

　この問いかけに対して、最近になって"答えの用意"ができた。2015年にブラジルの約1億2500万年前の地層から、「四肢のあるヘビ」の化石が発見されたのだ。そのヘビの名前を「テトラポッドフィス・アムプレクタス（*Tetrapodophis amplectus*）」という。テトラポッドフィスは、全長15cmほどのヘビで、小さな四肢が確認されている（学界では、実

はテトラポッドフィスはヘビ類ではないのでは？　という
指摘もあるが、それは本書とは別の話だ）。こうした初期
のヘビ類の化石を古代中国の人々が見つけていたら、それ
を龍の着想のもとにしたかもしれない。

　ただし、これらの初期ヘビ類の化石は、いずれもサイズ
が小さく、また産地もナジャシュやテトラポッドフィスは
南米大陸であり、中国の龍はもとより、ヨーロッパのドラ
ゴンとも結びつきが弱い。中国に伝わる可能性があるとす
れば、パキラキスの見つかっているイスラエルだが、仮に
古代のイスラエルの人々がパキラキスの化石を見つけたと
しても、その話が中国の古代の人々に伝わって龍の発想の
もとになるためには、話の伝わる"経路"が検証課題とな
るだろう。

テトラポッドフィス
全長15㎝ほど。四肢の
あるヘビ(?)です。

"龍の正体"は、大阪に？

中国における「龍」の文字が示していたのは、日本の大阪から化石が見つかっているワニ、「トヨタマフィメイア・マチカネンシス（*Toyotamaphimeia machikanensis*）」だった。ワニ研究の専門家として知られる青木良輔は、2001年に刊行した著書、『ワニと龍』の中でそう指摘する。和名、「マチカネワニ」のことである。

マチカネワニは、大阪大学構内の待兼山より1964年に化石が見つかったワニである。生息していた時代は、約40万年前（あるいはそれよりも少し前）とされる。全長7.7mというなかなかの大型種である。現生ワニ類でみれ

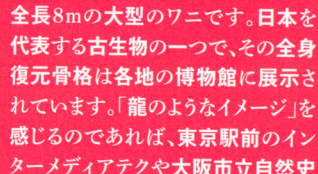

マチカネワニ
全長8mの大型のワニです。日本を代表する古生物の一つで、その全身復元骨格は各地の博物館に展示されています。「龍のようなイメージ」を感じるのであれば、東京駅前のインターメディアテクや大阪市立自然史博物館の展示がおすすめです。大阪市立自然史博物館の標本については、96～97ページも参照に。

ば、「超大型種」とされるイリエワニ（*Crocodylus porpus*）
の全長が7mほどだ。つまりマチカネワニは、イリエワニ
と同等以上に"超大型級"のワニであった。

　1965年にこのワニ化石について論文が発表されたときは、
細長い吻部を持つワニであるマレーガビアル属の新種であ
るとされた。しかし、1983年になって青木の研究によって
新属新種として現在の学名がつけられた。新たな名前であ
る「トヨタマフィメイア・マチカネンシス」は、『古事記』
に登場するワニの化身である「豊玉姫」※ に由来する属名
「トヨタマフィメイア」と、発見地の待兼山に由来する種
小名「マチカネンシス」で構成されている。当初、マレー
ガビアル属と認識されたように、吻部が細長いことを特徴
とするワニであり、吻部先端の前上顎骨部分（少し膨らん
でいる最先端部分）を除いた上顎骨の前から7番目の歯が
大きいという特徴もある。

※豊玉姫
海神の娘とされます。『日本書紀』では龍の化身として記録されています。

　龍の正体をワニに求めるという点は、実はさほどオリジ
ナリティがあるという話ではない。なにしろ、その頭部は
龍のイメージに近いのだ。

　しかし、単純に現生のアリゲーターや現生のクロコダイ
ルのような吻部の広いワニ類ではなく、また、吻部の著し
く細い現生ガビアルでもなく、絶滅したマチカネワニに求
めているという点が、"青木説"の興味深い点だ。ここでは、
『ワニと龍』からその概略を紹介しよう。

　青木が注目したのは、中国史に見られる漢字の変遷だ。

　司馬遷の『史記』によると、紀元前206年に漢帝国を築
いた高祖（劉邦）の母は、劉邦を妊娠した際に「蛟竜」と
"遭遇"している。蛟竜は、いわゆる「龍」の一種であり、
その幼生とされる。劉邦に関わる蛟竜の逸話によるものが
きっかけなのかどうかは定かではないが、漢帝国以降、龍

は中華帝国皇帝の権威の象徴とされるようになる。

青木は、この「蛟」という漢字の意味するところが「鰐」と同じではないか、と指摘する。「鰐」という漢字が後漢以降に使われるようになると、「蛟」という漢字が使われなくなるということがその理由の一つとして挙げられている。少なくともこの二つの文字は同時には使われていないとのことだ。

さて、古来から現在に至るまで、中国の長江（揚子江）には「ワニ」が生息している。それは「ヨウスコウアリゲーター（*Alligator sinensis*）」で、全長は2mほど。「アリゲーター」の名前からわかるように短く幅の広い口先を持つが、性質は温厚でヒトを襲うことはないという。巻貝などを主食としている。

単純に考えれば、漢字の「鰐」は、このヨウスコウアリゲーターを指しているように思える。しかし、そうではない。ヨウスコウアリゲーターを指す漢字としては「鼉」があり、古来より現在に至るまで「蛟」や「鰐」とは区別されて用いられてきたのである。

では、「蛟」改め「鰐」は、どんな動物に対する文字なのか？　と話はつづく。

1963年になって、中国広東省で北宋時代（10世紀～12世紀）の焼き物の破片とともにワニの骨が見つかった。このワニの骨は吻部が細長いという。この骨にもとづいて「『鰐』はマレーガビアル（*Tomistoma schlegelii*）である」とする中国の研究者の見解を紹介した上で、青木はそれを否定している。その理由の一つとして、マレーガビアルが熱帯性である一方で、中華帝国の中枢都市があった黄河流域が歴史時代を通じて熱帯になったことがない点を挙げている。すなわち、「鰐」は、より寒さに強い温帯性のワニである

必要があるのだ。

　そこで青木が注目するのは、自身が研究したマチカネワニである。マチカネワニは、ともに産出した他の化石から「涼しい温帯気候」に適応していたことが示唆されている。これは、温帯気候の黄河流域で展開した中華文明と整合的だ。また、青木はマチカネワニの「上顎骨の前から7番目の歯が大きい」という特徴が、龍（この場合は、鰐であり、そして蛟）の「口のヒゲ」の"モデル"ではないか、とみる。

　現在のところ、"公式に"マチカネワニと同定されている標本は、大阪で発見された化石だけだ。しかし、青木によると広東省から見つかった北宋時代のワニの骨もマチカネワニのものである可能性があるという。少なくとも近縁種であると指摘する。念のために書いておくと、このワニの骨は化石ではない。北宋の時代、つまり今から数百年前まで、マチカネワニ（あるいはその近縁種）が生きのびていたことになる。「超大型級」とされる迫力の鰐（蛟であり、つまり、龍）である。歴代王朝の権威のモデルとなるには十分といえよう。

　青木は次のように文章を綴っている。

── 世間一般に知られる龍とは、このマチカネワニを原型に、その崩壊（絶滅）を契機として人びとの空想の中でとめどなく展開していったイメージなのであろう。──

　なお、『ワニと龍』では、「龍」と「蛟」の関係、「マチカネワニが龍であるのであれば、龍のツノはどこからきたものか」* といった点にも触れられている。ご興味を持たれた方は、ぜひ、同書をご覧いただきたい。

※龍のツノはどこから　きたものか
龍のツノは、シカのツノの化石ではないか、という見方もあります。

マチカネワニが、生きのびていたのであれば……

　マチカネワニ（あるいはその近縁種）が北宋時代にまで生きていたというのであれば、日本にもその記録があっても不思議ではない。本書の監修者の妖怪古生物学者、荻野慎諧によると、日本にも“歴史時代”にマチカネワニの名残を匂わせる記述があるという。

　それは、712年に編纂された『古事記』の上つ巻に収録された、いわゆる「因幡の白兎」に関する話だ。ここでは、中村啓信によって翻訳された『新版 古事記』から、該当箇所の現代語訳を引用してみよう。場面は、気多の岬で毛を毟り取られた裸のウサギが泣き伏せているところへ、大穴牟遅神※ が通りがかり、声をかけたところである。

――（前略）**大穴牟遅神**が、その**兎**を見て、「どうしてそんな**姿**でおまえは**泣き**しているのか」とお聞きになった。

※大穴牟遅神
大国主神のことです。出雲大社に祀られており、国造りの神としても知られています。

兎が答えて、「私は隠岐の島に住んでいて、ここに渡りたいと思っていましたが、渡るすべがありませんでした。そこで海のワニを欺いて、『自分とおまえの一族の多寡を競べてみようではないか。そこでおまえはおまえの一族のある限りの全員を連れて来て、この島から気多の岬まで全員ずらりと並び伏してくれ。そうしたら自分がおまえたちの背の上を踏み渡り走りながら数え渡ろう。そこで我が一族の数とどちらが多いかを知ることができよう』と言いました。こう言うと、ワニが欺かれて並び伏したその時に、自分は彼らの上を踏んで数え渡って来、今地面に下りようかという時に、自分は、『おまえは私に欺かれたのだ』と言い終えるやいなや、最後に伏していたワニが自分を捕まえて、自分の着物をすっかり剥ぎ取ったのです。(後略)」──

『新版 古事記』には原文（本文）と訓読文も収録されており、現代文で「ワニ」とされている部分を原文で探すと「和迩」という漢字が使われている。「迩」は「邇」との略字であり、「和迩（邇）」はそのまま「わに」と読む。

素直に考えれば、和迩は爬虫類のワニを指しているのではないかと思われるが、文学的、あるいは歴史学的にはどうにもそう解釈はしないようで、「和迩はサメである」との意見が大勢を占める。同書の訓読文の該当部分には、訳者の中村による注意書きがあり、「鮫（サメ）の類。鳥取・島根・兵庫県北部などで鮫を「わに」と呼ぶ。爬虫類の鰐（ワニ）は日本には生息しないが、知識と恐るべきイメージは早く輸入していたとみられ、鮫との混交イメージで「わに」が用いられたのであろう」と書かれている。中村は現代語訳の「ワニ」のところにも「（ワニ鮫）」と注釈をつける。もっとも、和迩の解釈については、文学的・日本史的・文化的にさまざまな議論があるようなので、ご興味をお持ちの方はぜひ、『古事記』

因幡の素兎（サメ版）
「因幡の素兎」の1シーンを、久正人氏に"復元"してもらいました。

をはじめとする関連書籍をご覧いただき、ご検証いただきたい。

　ここで、荻野の「『因幡の素兎』の和迩＝マチカネワニ」という見解を紹介しよう。

　ポイントは、ウサギが騙して並べた和迩の背を踏みながら海を渡っているという点である。仮に和迩がサメだとして、果たしてその不安定な背を踏みながら渡るということは可能なことなのだろうか？　想像してみて欲しい。サメの背中が並んでいたとして、そこを踏んで海を渡ろうと思うだろうか。仮にそのサメが襲ってこないという確証があったとしても、その不安定な丸みのある背中を橋代わりにするものだろうか？

　そこで登場するのが、マチカネワニである。

　まず、ワニ全般にいえることだが、その背中はサメの背中よりも踏みやすそうではある。なにしろ、

**マチカネワニと
アメリカアリゲーター**
他のワニとくらべると、マチカネワニの背中は比較的平らです。これなら「歩いてみよう」と思……いますかね?

サメに比べれば横に広い。加えて、マチカネワニは"超大型級"のワニだ。背中の安定感は抜群であるといえるだろう。

　荻野が指摘するのは、その鱗板骨だ。鱗板骨は、いわゆる「ワニの鱗」であり、背中に並ぶ骨である。多くのワニ類ではその形は正方形に近く、各鱗板骨には突起（稜）が発達している。ワニを見るときに背中に凸構造が並んで見えるのは、まさに個々の鱗板骨の稜を見ていることになる。

　しかし、マチカネワニの鱗板骨には、この稜がない。すなわち真っ平らなのである。

　さて、どうだろう？

　超大型級のワニが真っ平らの背中を見せている。それはそれは踏みやすそうではあるまいか。この背中が並んでいれば、海を渡ることができそうだ。『因幡の素兎』の作者がそう思っても不思議ではないといえるのではないだろうか。

滋賀県で発見された"龍骨"

閑話休題。龍の話に戻そう。

1804年、江戸時代後期、徳川将軍は第11代の家斉のころの話である。

11月8日、琵琶湖の西岸の近江国滋賀郡伊香立村南庄（現在の滋賀県大津市南庄）で、一人の農民が開墾中に何とも怪しげな獣の骨を発見した。この骨は、藩主・本多康完に献じられた。当時の識者が調べたところ、この骨は「龍骨」であるという。

中国の故事によると、龍骨の発見は「瑞祥」（吉兆）であるという。藩主はかなり嬉しかったのだろう。発見地の名を「龍ヶ谷」とし、「伏龍祠」 ※ を建て、そしてこの農民に「龍」の姓を与え、発見した場所の年貢を永代に渡って免除としている。

※伏龍祠
この祠は、現在でも滋賀県大津市南庄で見ることができます。

こうした"龍骨話"は、実は珍しいものではない。龍の"本場"である中国では、古来より脊椎動物の骨化石は「龍骨」とされ、薬として販売・珍重されている。

南庄の龍骨が他の龍骨話と異なる点は、当時の絵師の植田耕夫（※上田という資料もあり）によってその記録が残されていることによる。この記録は「龍骨図」といわれる。描かれているのは、たしかに「これぞ龍の骨！」といわんばかりの迫力のある頭蓋骨だ。

102〜105ページに掲載した龍骨図は、滋賀県立琵琶湖博物館が保管する1枚だ。ツノの図、腕の図、頭部の図、下顎の図、腕の図と図解され、それらをあわせたもの（合成したもの）として頭蓋骨（左側面）が復元されている。その先も細かな骨の図が並び、再び頭蓋骨（右側面）が復元されている。

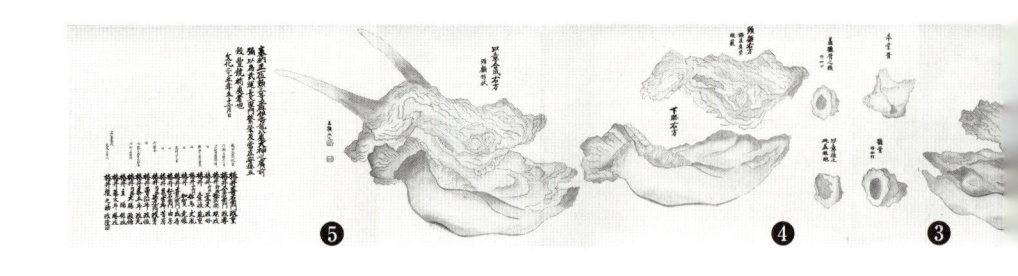

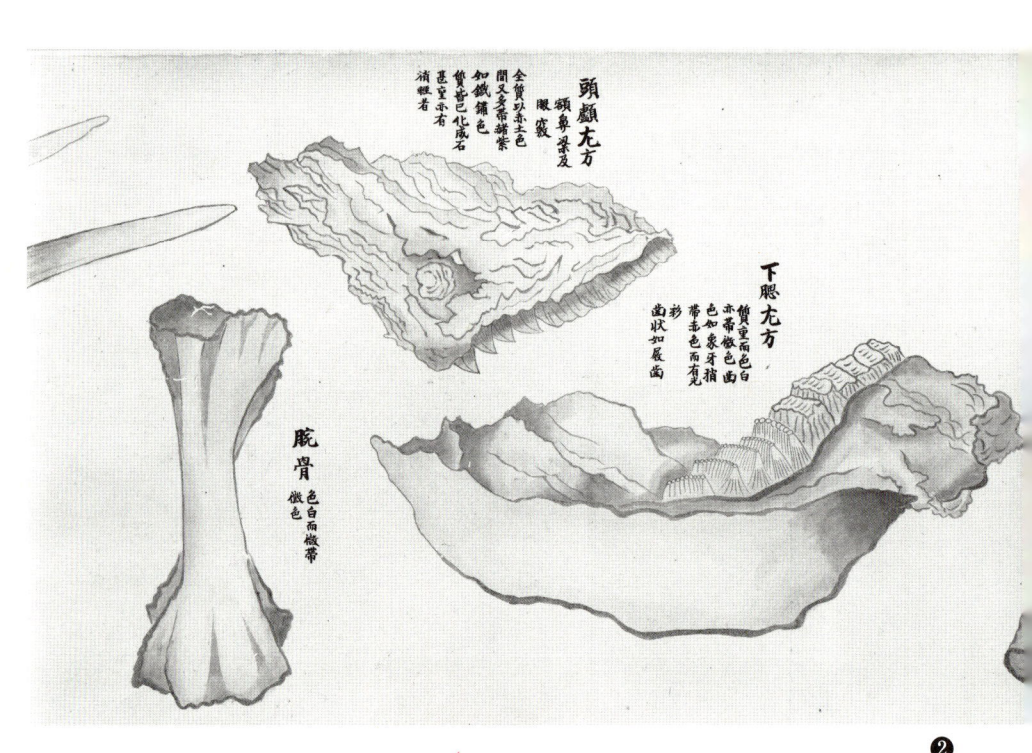

龍骨図

滋賀県立琵琶湖博物館が保管する龍骨図。龍骨図は、他にも数枚が現存しているようです。なお、上図は全体の画像で、それぞれの番号部分の画像について、102～105ページに拡大掲載した。

（画像提供：滋賀県立琵琶湖博物館）

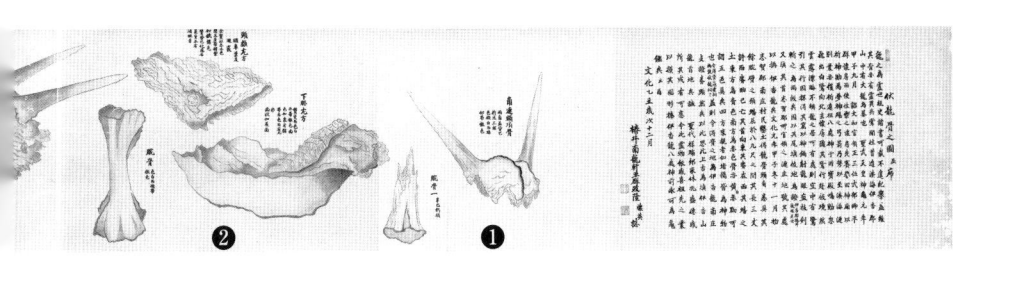

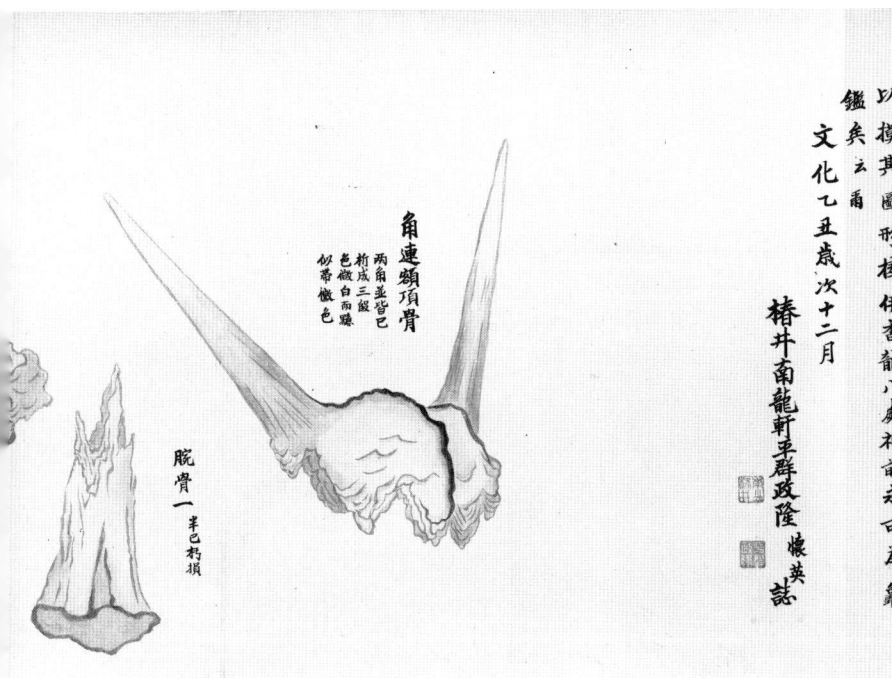

角連頸頂骨

兩角並皆已
析成三鋌
色微白而黝
似蒂微色

腕骨一 半已朽損

也今得賞亀建祠□ 蓋則今得骨之地為伊香龍南庄
支證壽顯然矣以此思此上古為滇伊香山
龍首地矣誠　　聖代祥瑞邦家休兆盛德感
所其或有可意令此靈物依感喜祖先之業
以摸其圖形棒伊香龍八處神前永可為龜

鑑矣云甬
文化乙丑歳次十二月
椿井南龍軒革群政隆懷英誌

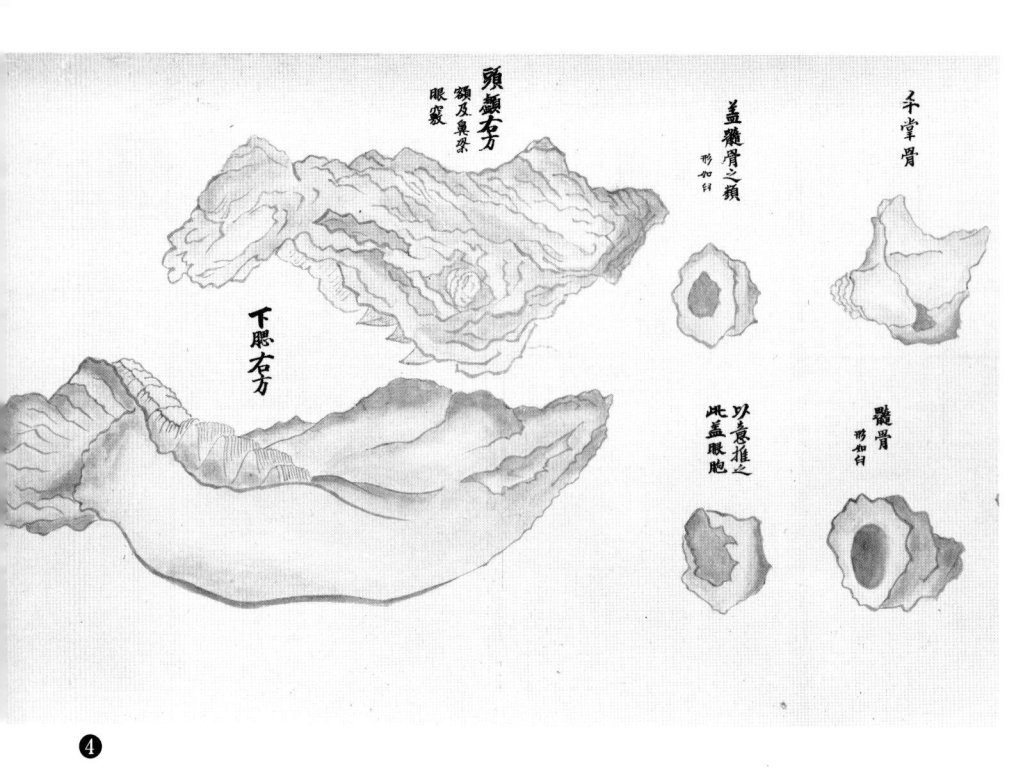

頭顱右方
額及臭梁
眼窬

蓋髗骨之頂
形如斜

下顎右方

以意推之
此蓋眼胞

顬堂骨

髗骨
形如斜

彌以為武運長久家門繁榮及當庄安穩五
穀豐饒祈處者也
文化二乙丑年冬十二月日

椿井喜右衛門政重
椿井金左衛門政春
椿井初右衛門現政
椿井三太夫政好
椿井甚政龍重
壹政丈瓶
加賀克懷
成房
由房
芳房
恒政
政完
政偏
信政
腸政
政隆

右家歴代
先先主従人

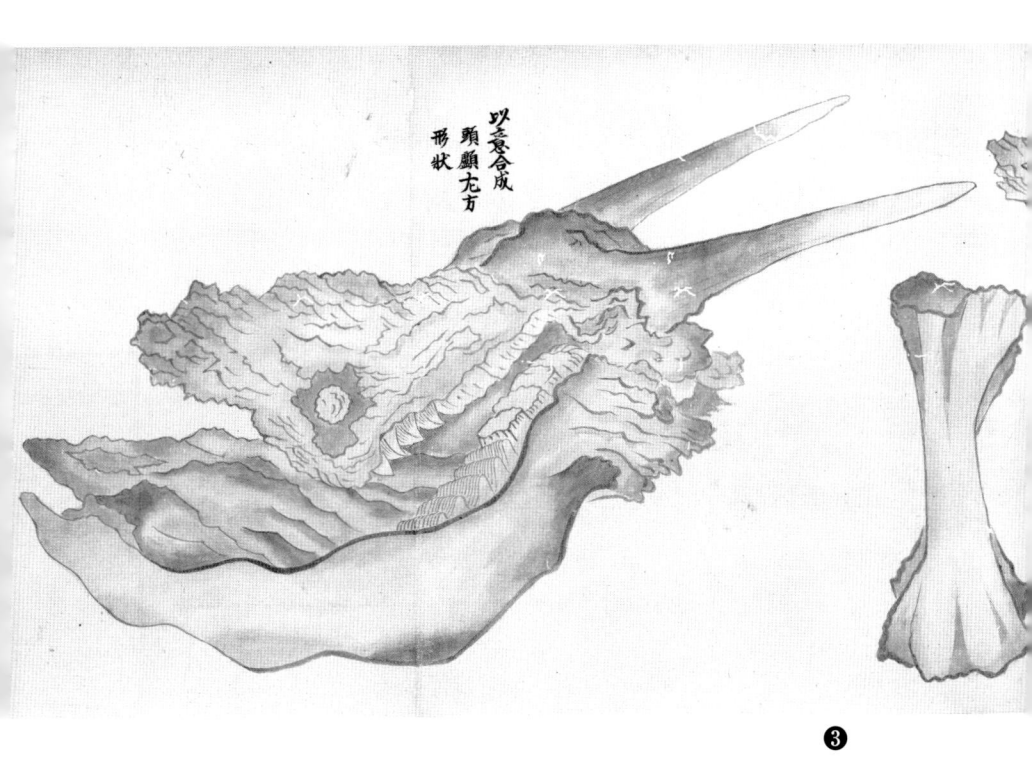

以意合成
頭顱无方
形狀

❸

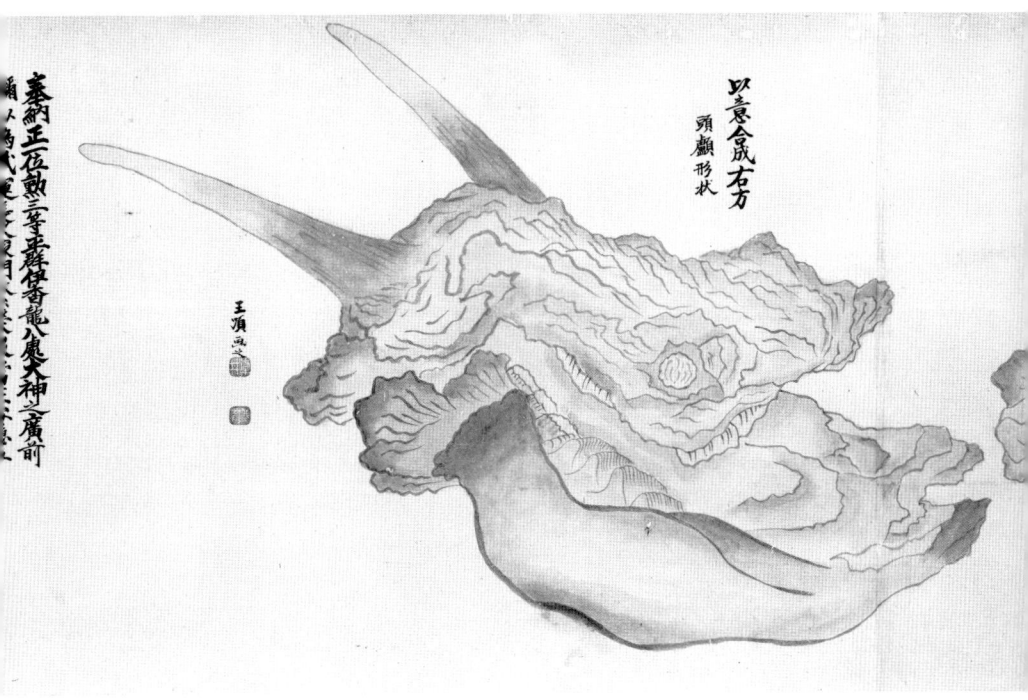

以意合成右方
頭顱形狀

王頔畫之

奏納正伏勲三筆求群俱旨龍八裏大神之廣前
蜀人為人魂人方旬人夫三人殳人

❺

目を引くのは、やはり復元された図面だ。左側面を見ると、大きく口が割け、眼窩と思われる孔があり、口の奥にはまず歯と思われるつくりが並ぶ。上顎には下方にとがった板状の並ぶ歯が4本。その後ろに並ぶ四角い歯は数がちょっとわからない。下顎には上顎ほどではないにしろ、上方にとがった板状の歯が並び、その先に先端が平たくなった直方体の歯が4本並ぶ。上顎の表面は全体的に凹凸が激しく、下顎でも顎のつけねに近い位置は凸凹している。ツノは2本。さほど長くはなく、まっすぐにのびる。

右側面の復元は、左側面と似ているようで、実はかなり異なる。大きなちがいは上顎だ。左側面では上顎の歯は一列に並んでいたことに対し、右側面では上顎の歯は口先に近い位置と口腔の奥との2か所に明瞭にわかれている。しかも、口先に近い位置の歯の形状が異なる。どうにも、左右で別の標本であるように見える。

龍骨の正体

発見地の名を「龍ヶ谷」とし、「伏龍祠」を建て、そしてこの発見者に「龍」の姓を与え、発見した場所の年貢を永代に渡って免除。絵師に「龍骨図」（「伏竜図」とも）までつくらせた。藩主・本多康完の喜びは察してあまりある。

しかし発見より7年後、本草学者の小原春造※ によって、龍骨の正体は、実はゾウの化石であると指摘された。本草学は、現代の薬学に相当する学問である。もちろん、当時の日本にはゾウは生息していなかったが、1720年には、長崎経由で"輸入"され、江戸まで歩かせていた。つまりゾウは人々にとってすでに知られている存在であり、そして、龍骨の正体を推測※することも可能であったのだろう。

結論からいえば、この小原の指摘は的を射ていた。

19世紀末に江戸時代が終わり、明治の世がはじまると本多家（元藩主）によって龍骨は皇室に献上された。その後、この標本は内務省博物局の所蔵となる。これが、来日していたドイツ人地質学者ハインリッヒ・E・ナウマン※の眼にとまった。

ナウマンは、東京帝國大学理学部地質学科の初代教授であり、日本の国立地質調査所の設立にも尽力したとして知られる人物だ。明治期における、いわゆる「お雇い外国人」※の一人であり、日本の近代地質学、近代古生物学の発展に大いに寄与した。

そのナウマンは、1881年に『Ueber Japanische Elefanten der Vorzeit』（先史時代の日本のゾウについて）という論文を発表している。この論文では、日本産のゾウ化石について報告し、その中に近江の龍骨が含まれていた。ナウマンの分析によれば、この龍骨は「ステゴドン・インシグニス（*Stegodon insignis*）」であるという。ステゴドンは、正確にいえばゾウ類（科）ではないものの、ゾウ類に近縁であり、ゾウ類と同じ長鼻類（目）の一翼をなす絶滅哺乳類で、ステゴドン類（科）というグループを構成する。龍骨は発見から77年のときを経て、正式に同定されたのである。

その後、龍骨の再研究がなされ、「ステゴドン・オリエンタリス（*Stegodon orientalis*）」と再同定された。ステゴドン・オリエンタリスは、その和名を「トウヨウゾウ」という。

ナウマンは内務省博物局にあった龍骨の実物を研究した。しかし、長鼻類化石を研究する埼玉県立自然の博物館の北川博道によると、龍骨図を見るだけでも、この標本がステゴドンの仲間のものであるとわかるという。

※**ハインリッヒ・E・ナウマン**
「ナウマンゾウ」の名前の由来となった人物です。日本の近代地質学、近代古生物学を語る上では欠かすことができない超重要人物。

※**お雇い外国人**
「少年よ、大志を抱け」で有名なクラーク博士（ウィリアム・スミス・クラーク）も、お雇い外国人の一人です。

10cm

　多くの龍骨図にも掲載されている"左側面の復元図"（105ページの❸）に注目すると、その歯は前方と後方でわかれている。上方にとがった歯と、上面が平たい歯だ。まず、この歯を見るだけで、合成された復元図が「前後逆」であることがわかる。すなわち、口先だと思っていた図の左側が実は咽喉の方向にあたり、咽喉に近いと見ていた図の右側が口先だったのだ。

　なぜ、わかるのか？

　それは、長鼻類独特の歯の交換システムがポイントとなる。ヒトをはじめとして、多くの哺乳類では、使用中の歯の下から新たな歯が育ち生え変わる。しかし、長鼻類の場合は、顎の奥で次の歯がつくられて、水平に移動して古い歯と変わるのだ。「水平交換」と呼ばれるこのシステムでは、古い歯が口先にある。古い歯、すなわち、使用されて摩耗した歯だ。「上面が平たい」理由は摩耗による。つま

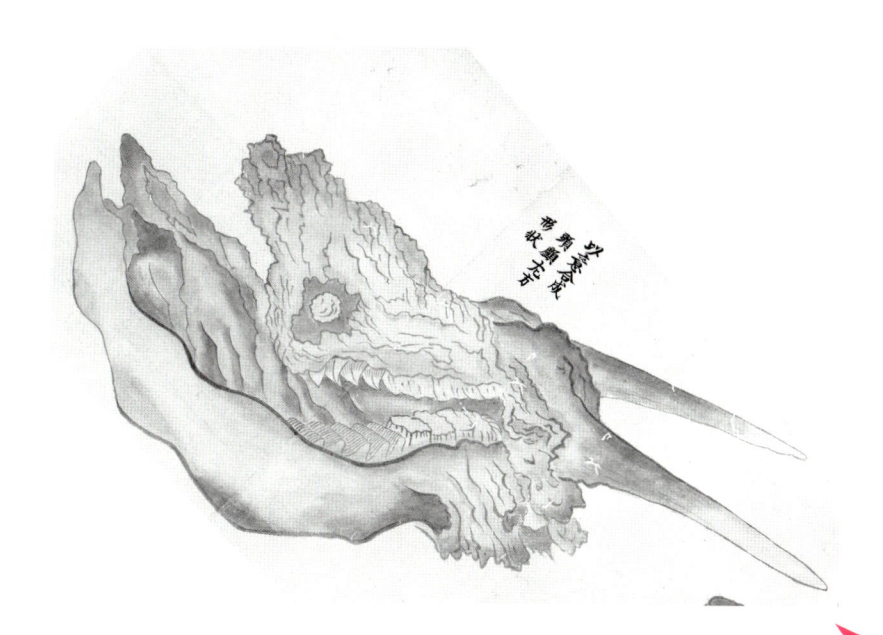

り、もともとこの歯の上面には"上方にとがった板"が並んでいたのだが、使用を重ねることによってその上面がけずられて平面化したのである。

　"左側面の復元図"に注目すると、上方にとがった歯が五つ並び、上面が平たい歯が四つ並んでいるように見える。しかし、長鼻類の歯は前後に縦長で、実はこれらはそれぞれの一つの歯をつくる。すなわち、「上面が五つにとがっている歯」と「上面に四つの平たい部分が並ぶ歯」の二つがここに描かれていることになる。ちなみに、まだ摩耗していない「上面が五つにとがっている歯」は、稜が並んでいるように見えるため、「稜歯」と呼ばれる。

　北川によると、稜の並ぶこの構造はステゴドン属共通の特徴で、しかも、この龍骨が産出した地層の年代を調べると、トウヨウゾウと特定できるという。

　さて、ツノだ。龍骨図には、明確なツノが描かれている。北川によると、国立科学博物館に保管されているトウヨ

ウゾウの標本には、不完全ながらも切歯も含まれているという。切歯……つまり、「ゾウの牙」だ。この切歯は、非常に細く、小さく、数個に分かれており、幼獣のものであるという。北川は、絵師がこの幼獣の切歯をツノに見立てて描いたのではないかと指摘する。

かつて日本にいたステゴドンたち

そもそも「ステゴドン」とは何ものなのだろう？　ここでちょっと脇道にそれて、日本のステゴドンについて簡単に紹介しよう。

トウヨウゾウに代表されるステゴドン属は、かつて日本にやってきた"南方系"の長鼻類だ。インドシナ半島に起源があるとみられている。

北川によると、日本にやってきた最初のステ

コウガゾウ
大阪市立自然史博物館に展示されているコウガゾウの復元頭骨です。左右の牙が内側にしなっています。ただし、このしなりの程度に関しては、地層中で受けた圧縮の影響であるという指摘もあり、標本によって多少の差があります。右は牙の先端がより寄っている個体を描いた復元図。
（Photo：安友康博／オフィス ジオパレオント）

ゴドン属は「ステゴドン・ズダンスキィ（*Stegodon zdan-sky*）」で、これは「コウガゾウ」と呼ばれている。「コウガ」、すなわち「黄河」であり、中国の黄河流域で最初の化石が発見された。肩高3.8mと長鼻類の中で最大級である。牙が特徴的で、やや内側にしなる。これは、ケナガマンモス（*Mammuthus primigenius*）やナウマンゾウ（*Palaeoloxodon naumanni*）などのゾウ類とは大きくことなる点だ。同じ長鼻類でも、ゾウ類の牙はステゴドン類とはちがって外に弧を描きながらのび、その先端は内側を向くのである。

　コウガゾウが日本にやってきたのは、今から600万年前〜500万年前ころ。そして、そのコウガゾウをおそらく祖先として、まずは「ステゴドン・ミエンシス（*Stegodon miensis*）」が400万年前ごろに現れた。和名を「ミエゾウ」という。「ミエ」は「三重」、すなわち三重県から最初の化石が報告されたために、この名がある。こちらも肩高は、

ミエゾウ
牙がまっすぐ
長くのびます。

3.6mと見積もられており、日本の化石固有種としては最大である。三重県総合博物館に展示されているその全身復元骨格は、吻部からまっすぐ長くのびる牙が目立つ。

　そして、約200万年前になると、「ステゴドン・アウロアエ（*Stegodon aurorae*）」が現れる。こちらの和名は「アケボノゾウ」といい、こちらは日本各地から化石が見つかっている。コウガゾウやミエゾウと比較すると、アケボノゾウは同じステゴドン属の系譜ながらも、肩高は1.7mほどしかない。牙もコウガゾウやミエゾウほど長くなく、牙の先端は外に向かって広がる。

　アケボノゾウが小型なのは、日本列島という狭い島国に適応したためとみられている。島にやって来た動物が、やがて小型種へと進化していくということは、他の動物群でも報告されている。アケボノゾウはそうした日本で小型化した生物の典型例の一つとしてよく知られている。

　コウガゾウ、ミエゾウ、アケボノゾウはトウヨウゾウに先行してやってきたステゴドン属の代表者たちだ。龍骨図

アケボノゾウ
牙の先端が外に向かって曲がりながら伸びます。このカーブはステゴドンの特徴とされます。同じ牙を持つゾウ類であっても、マンモスの牙の先端は内側に向かって曲がっているのです。

ONE POINT COLUMN

古生物学者 北川博道博士の ワンポイントコラム

謎のゾウ、トウヨウゾウ

　滋賀から発見された龍骨の正体は化石ゾウ、トウヨウゾウ（*Stegodon orientalis*）だった。このゾウはもともと、イギリスの古生物学者オーウェンが、中国の薬師店で漢方薬として売っていた「龍骨」を模式標本に、1870年に新種のステゴドンゾウとして発表したもの。面白い事に日本で龍骨として騒がれたものの正体が、もともと由緒正しい龍骨だったのだ。ところがこの模式標本は非常に不完全なもので、臼歯の一部しか残っていなかった。1929年にアメリカの古生物学者、オズボーンが中国四川省の洞穴堆積物から見つかった子供から大人までの頭骨化石を研究し、これにトウヨウゾウの亜種として、グレンジャーゾウ（*Stegodon orientalis grangeri*）という名前を付けた。一時はこれらの標本の方が模式標本として扱われていたほどだ。トウヨウゾウの化石は大陸では250万年ごろから1万年前ほど前まで生息していたが、日本では約60万年前から約50万年前というたった10万年の間というレアキャラ。しかも今まで、トウヨウゾウの全身骨格というものの報告はない。日本からも大陸からも頭骨や臼歯以外の化石記録がほとんどないのだ。

　九州から東北にかけての地域で見つかっているトウヨウゾウの化石だが、最も化石が見つかっているのが瀬戸内海。瀬戸内海の海底にも地層が広がっていて、そこから海流によって洗い出された化石が漁網に引っかかる。瀬戸内海ならばどこからでもトウヨウゾウの化石が引き上がるわけではなく、岡山から香川県に挟まれる海域から発見される。これは海底の地層に関係しているためだ。樽野（1988）はこの海域から引き上がった多くのゾウ化石を研究。そして大腿骨と脛骨には2型があり、そのちがいはナウマンゾウとトウヨウゾウの形態のちがいであることを明らかにした。さらに私がこの海域から見つかった切歯や大腿骨の化石を研究した結果、さらにトウヨウゾウの特徴が明らかになってきた。トウヨウゾウは他のステゴドンと同じように、長く直線的な切歯を持っていた。しかし、大腿骨の大きさは、実は小型の種類として知られるアケボノゾウと同じくらいだった。もしかすると、日本のトウヨウゾウもアケボノゾウのように、大陸から日本にやってきた後、小さくなってしまったのかもしれない。

に描かれたトウヨウゾウとは種は異なるけれども、仮に発見された頭骨の化石がトウヨウゾウではなかったとしても、同様に「龍骨」として扱われた可能性はある。牙もともに発見されば、「ツノ」として記載されたかもしれない。

　ただし、コウガゾウ、ミエゾウ、アケボノゾウと続いたステゴドンの系譜。トウヨウゾウもこれに乗るかといえば、どうにもちがうようだ。今から約120万年前のアケボノゾウの絶滅をもって、日本におけるステゴドン属の系譜は一度途絶えるのである。その後、約60万年前になって、中国から新たにやってきたのがトウヨウゾウなのだ。トウヨウゾウは、大陸では約250万年前から約1万年前と長期間にわたって生息していたが、日本では約60万年前にやってきたのち、約50万年前には姿を消してしまう。

　日本におけるステゴドン属の歴史はトウヨウゾウの絶滅で終わり、その後やってくるのは、ナウマンゾウやケナガマンモスなどのゾウ類（科）となる。

 ## 群馬県にもある龍骨碑

　正体不明の化石が地層中から出たら、それは龍の骨と考えた。そんな逸話は、なにも滋賀県だけに残っているわけではない。

　滋賀県で"龍骨"が発見されるよりも7年前の1797年。上野国上黒岩村（現在の群馬県富岡市上黒岩）を流れる星川の岸が、大雨のために崩落した。この崩落地点を掘り起こした結果、多くの動物の骨化石が見つかった。

　この動物化石の一部は、当初、地底に潜んで土砂崩れを起こす大蛇の骨と考えられたという。翌1798年になって、この発掘地には「龍骨碑」が建立された。「大蛇のもの」

と考えられていても、「蛇骨碑」ではなく、「龍骨碑」である。そのあたりに、当時の龍に対する理解をみることができるかもしれない。

　もともと発見地付近は蛇に縁があり、蛇宮神社という古い神社が存在する。地元である富岡市立西小学校の公式ホームページによると、蛇宮神社の建立ははっきりしていないものの、1494年に「再建」されたとあるから、龍骨碑の建立よりもはるかに古い。蛇宮神社には「龍の爪かき石」と呼ばれる岩があり、神社の案内板によると、白蛇が龍となって天空をかけるときに、その爪で蹴った石であるという。こうした土地柄や時代を考慮すれば、蛇と龍を同一視していたとしても、さほど不思議はないかもしれない。

　いずれにしろ、発見された"蛇骨"は藩主の前田利以の元へと送られた。その後さらに江戸へと送られて、1800年に幕府の侍医であった丹波元簡によって鑑定されるに至る。丹波は、蛇骨の正体を「麋」と呼ばれる大型のシカの骨であるとし、詳細はのちの時代の研究者が明らかにするだろうとした。ちなみに富岡市で発見されたこの標本は発見場所を示す「龍骨碑」、絵師・谷元旦による「鑑定書」、そして「実物標本」の３点がそろった日本最古のものとしても知られている。

　2012年に富岡市で開催された日本古生物学会第161回例会の講演予稿集に、群馬県立自然史博物館の高桒祐司と長谷川善和によってこの一連の流れがまとめらえており、「脊椎動物化石の多くが『竜骨』とされていた時代において、それがシカ類であることを看破した丹波元簡の慧眼に敬意を表したい」と綴られている。近江の龍骨に関する小原の例をとっても、江戸時代とはいえ「気づく人は気づいていた」のだ。

実物標本（上段）と鑑定書（中段右）、
龍骨碑（中段左）。

（画像提供：群馬県立自然史博物館）

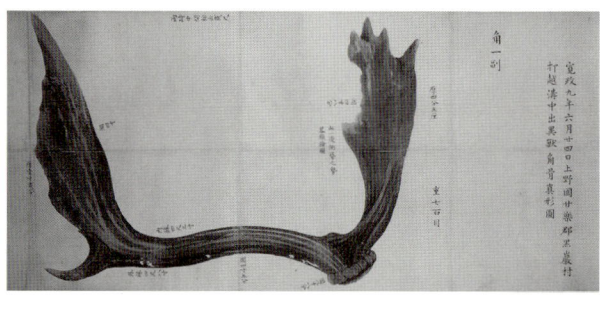

ヤベオオツノジカ
日本を代表する古生
物の一つです。「ヤ
ベ」は、大正から昭和
初期に活躍した古生
物学者矢部長克にち
なむものです。

その後、1960年代になって、蛇宮神社に寄進されていた蛇骨が古生物学者の知るところとなり、この蛇骨は「ヤベオオツノジカ（*Sinomegaceros yabei*）」のものであると確定した。ヤベオオツノジカは肩高1.5mの大型のシカで、その肩高に匹敵する幅のツノを持っていた。その形が独特だ。根元で前後の方向に分かれ、その両端はヒトの手のひらように広がっている。新生代第四紀更新世後期（約13万年前〜約1万年前）の日本を代表する動物とされる。

 ## ヨーロッパに見られる「ドラゴン」

　私たちは、「龍」に相当する英語として「dragon」という単語を知っている。フランス語でも「dragon」であり、ドイツ語では「drachen」である。これらはいずれもギリシア語の「draken」を語源とし、さらに歴史を辿るとラテン語の「draco」にたどり着くとされる。ただし、ラテン語の「draco」まで語源を遡ると「龍」と「蛇」が同義とされている。

　こうして語源を辿ると、ヨーロッパにおけるいわゆる「ドラゴン」は蛇なのか、と推察できなくもない。実際、西暦初頭に活躍したローマの博物学者・政治家のプリニウス※は、その著作『博物誌』において、インドにいる大蛇＜ドラコ＞がゾウを倒すシーンを描写しており、これをもってドラゴンとヘビの関係を指摘する声は少なくない。

　一方で、ヨーロッパに残る"ドラゴン話"は、中国の龍のイメージとは必ずしも一致しない。『龍の起源』の著者である荒川弘は、同書の中で、中国の龍とヨーロッパのドラゴンについて「同一の『種』の動物とはいいがたい」と指摘する。

※プリニウス

ローマの偉人。本書ではよく登場する人物です。ユニコーンの章などを参考にしてください。

奈良教育大学の竹原威滋と花園大学の丸山顕徳が編集した『世界の龍の話』では、世界各地の龍やドラゴンにまつわる話を紹介するとともに、各国ごとにその龍の姿を紹介している。同書によると、複数の国でヘビに近い姿の龍も認められるものの、例えばイングランドにおいては「四本の足を持ち、コウモリのような羽をつけ、針のついた尻尾をして火を吐く」ものがドラゴンであり、ウェールズでは、その姿が国旗にも描かれている。ドイツにおいては「鰐と猛禽を合体した姿」とあり、フランスでは「四つ足動物で鉤爪を持ち、翼が生え、尻尾は蛇というのが一般的なイメージ」とある。

　ドラゴンの神話とそれにまつわる絵画を収録した『ドラゴン神話図鑑』（ジョナサン・エヴァンズ著）、古今のドラゴンの意匠をまとめた『龍とドラゴン』（フランシス・ハック

典型的なドラゴン（四足）
ウェールズの国旗などを参考に、久正人氏にドラゴンを描いてもらいました。

典型的なドラゴン（二足）
久正人氏に描いてもらったドラゴンの二足バージョンです。

リー著）などには多数のドラゴンの絵画が収録されてはいるが、そのイメージは実にさまざまで、全身のサイズはもとより、足の数も2本と4本で一致せず、とさかやツノ、尻尾や体表の描写も一定ではない。それは、中国における龍のイメージの"振れ幅"よりもはるかに大きいといえる。東京外国語大学大学院の尾形希和子の著書『教会の怪物たち』によると、こうしたイメージが浸透しはじめたのは中世以降とされる。中国の龍とくらべると、ヨーロッパにおけるドラゴンのイメージの確立はかなり遅いのだ。

　『龍の起源』でまとめられている典型的なドラゴン像を抜粋すると、それは「爬虫類的な動物」で「コウモリに似た翼をつけ」とするほか、「一般的に肥満気味」などが挙げられる。また、ドラゴンが池や洞窟に潜むものとして描かれる。

ところで、もしもドラゴンそのものに興味を持たれたとしたら、ここに挙げた各書籍の一読をおすすめしたい（他の章と同じく、本書巻末でもまとめている）。なにしろ、ファンタジー世界には必ずといっても良いくらい登場するこの怪異は、日本においても抜群の知名度を持っており、多数の書籍、しかもさまざまな研究者による分析がなされた書籍が刊行されている。こうした多くの書籍では、中国の龍が皇帝の権威の象徴として描かれていることに対して、ヨーロッパのドラゴンは"悪の代表者"のように描かれることが多いという点が指摘されている。概ねドラゴンは退治されるべき存在なのだ。

ドラゴンの骨？

　ドラゴンに関する物語では、ドラゴンはしばしば池や洞窟に潜むとされている。

　この伝承のためなのだろうか。アメリカ合衆国国立公園局のギャリー・ブラウンの著書『The Great Bear Almanac』によると、ヨーロッパではしばしば、洞窟から発見された脊椎動物の化石を「ドラゴンの骨」として扱った歴史があるという。

　それは「ウルスス・スペラエウス（*Ursus spelaeus*）」、和名「ホラアナグマ」の化石である。

　ホラアナグマは、新生代第四紀更新世（約258万年前〜約1万年前）にユーラシア北部で栄えた絶滅クマ類だ。頭胴長は2mほどで、ヒグマ並みの体格を持つ。ただし、頭骨が大きいこと、足が短いことがヒグマとのちがいとされる。基本的に植物食ではあるが、国立科学博物館の冨田幸光は『新版 絶滅哺乳類図鑑』で「当時はもっとも恐ろし

い動物の一つ」と書き、アメリカ自然史博物館のエドウィン・H・コルバートは『脊椎動物の進化』の中で、「イヌ上科の進化の頂点を代表する」と書く。非常に物騒なクマである。

ホラアナグマの化石は、その名前の通り、洞窟からよく見つかる。そのため、ブラウンはホラアナグマは、洞窟を住居や冬眠場所などとして使った可能性を指摘している。そして、ブラウンによると、このホラアナグマの骨化石が、当時、ドラゴンやユニコーンの骨として扱われ、薬としてかつて販売されていたという。

もちろんホラアナグマの化石は、どこをどう見てもドラゴンとは似つかない。肋骨や脊椎骨だけならばともかくとして、頭部はドラゴン像と比べれば寸詰まりだし、高さがある。また、四肢はがっしりとしており、そこには指が5本並んでいる。多くのドラゴンの指が3本あるいは4本であることを考えれば、ホラアナグマの化石がドラゴンの骨ではないことは明白だ。

しかし、薬としてあつかわれた場合は、こうした骨が「粉砕」されていたという。こうなると、もとの化石がどのような動物なのかを特定するのは難しい。「○○○の洞窟で見つけたドラゴンの骨だ」といわれれば、信じてしまうこともあっただろう。つまり、産地偽装ならず、"骨偽装"が行われていたわけだ。

また、仮に粉砕されていなかったとしても、例えば指の1本だけをみれば、それはヒトのものよりも大きく、未知の大型動物を想像させることができたかもしれない。また、124ページに掲載した写真のような上顎骨の部分化石であれば、鼻腔から上部がすっかり欠けていることもあり、高さのあるクマの頭部を想像することはできなかったかもし

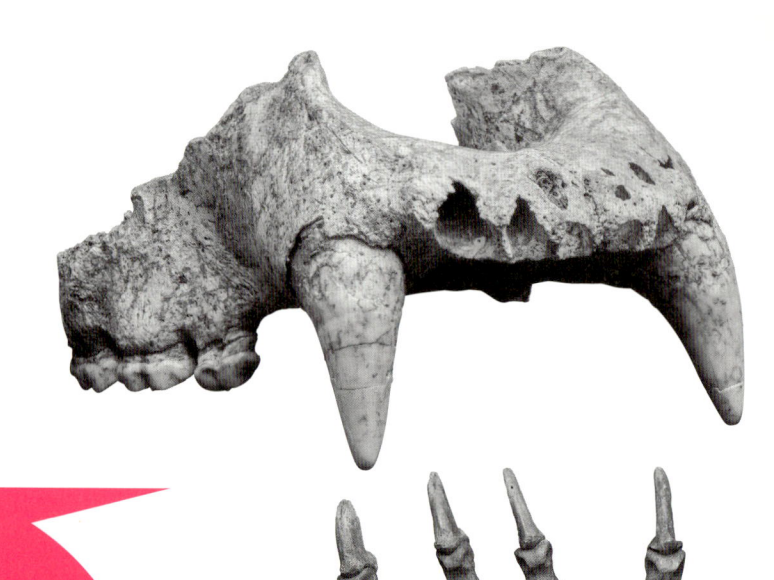

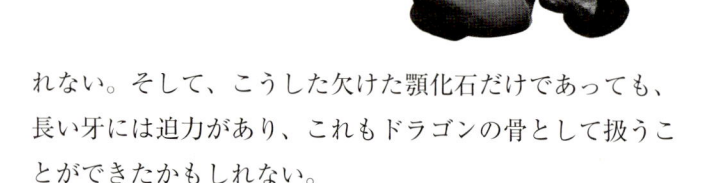

ホラアナグマ

ホラアナグマの上顎骨の部分化石（上：標本長19㎝）、ホラアナグマの手の化石（左：小指の先端の骨が長さ2.5㎝）、ホラアナグマの復元イラスト（右ページ）。ホラアナグマの上顎骨はたまたまこの形に欠けていたものです。でも、こうして見ると、なるほど、「ドラゴンといわれれば……」と思いません？

（Photo：オフィス ジオパレオント）

れない。そして、こうした欠けた顎化石だけであっても、長い牙には迫力があり、これもドラゴンの骨として扱うことができたかもしれない。

　ただし、これらはいずれも「偽装」によるもので、商売人は「わかってやっている」ことだといえよう。すなわち詐欺である。そしてこの詐欺は、16世紀の半ばまで続いていたという。

　もっとも、未知の大型脊椎動物の骨を「ドラゴンの骨」、あるいは「龍の骨」として、そこに薬効を求めるという例

は洋の東西を問わない。先に紹介したトウヨウゾウは、中国の薬局で売られていた臼歯の化石にもとづいて学名が決められた種であるし、京都市新洞小学校の荻原真一たちが著した『南庄の象化石』では、「龍骨図」の龍骨（トウヨウゾウ）は、歯用の薬として、その一部を削り、飲用されていたという。

　話を少し転じると、西暦初頭にインドへ旅をしたティアナ（現在のトルコの一地域）のアポロニウスの話をまとめた『THE LIFE OF APOLLONIUS OF TYANA』には「パ

ラカという街では、ドラゴン退治の証として、町の中心に
ドラゴンの頭骨がたくさん安置されている」とある。

　西暦初頭という時期は、ヨーロッパにおけるドラゴンの
イメージがまだ確立していない時期である。プリニウスの
『博物誌』にあるように、まだヘビのような姿をした動物
を"ドラゴン"とみなしていた時期でもある。

　そんな時代に、ヨーロッパの"玄関口"に近いティアナ
のアポロニウスの話は、のちのヨーロッパ世界における
ドラゴンイメージの設立に一役買ったのかもしれない。
西洋の伝説や伝承と化石の関係をまとめた『THE FIRST
FOSSIL HUNTERS』（アドリエン・マイヤー著）では、
このときアポロニウスが見て、そして伝えたドラゴンと
は「シバテリウム（*Sivatherium*）」や「ジラフォケリックス
（*Giraffokeryx*）」などの頭骨ではないかとしている。

　シバテリウムは、新生代新第三紀鮮新世（約533万年前
〜約258万年前）に登場した哺乳類で、キリン類に分類さ
れる。長さ50cmにおよぶ大きな頭骨を持ち、眼窩の上に小
さなツノが左右一つずつ、そして、その後ろに翼のように
広がったツノを持つ。キリン類ではあったとしても首は長
くはなかったとされ、現生の動物でいえば、同じキリン類
のオカピ（*Okapia johnstoni*）に近いとされる。

　一方の、ジラフォケリックスは新生代新第三紀中新世の
中期（約1200万年前ごろ）に登場したキリン類で、頭骨は
シバテリウムと同じくらいの長さがある。眼窩の上の前後
によく発達したツノが左右に1本ずつ、合計4本ある。

　シバテリウムの化石はインドはもとより、アフリカから
ロシアにかけての地域から見つかる一方で、ジラフォケリッ
クスはインド、ネパール、パキスタン、ロシアに産地が限
定されている。

シバテリウム
ドラゴンの正体、と
目される動物。その
復元イラストです。

ジラフォケリックス
シバテリウムと同じくド
ラゴンの正体、と目さ
れる動物の頭部の復
元イラストです。

いずれにしろ、こうしたツノのある化石の伝聞が、ドラゴンの伝承と"融合"し、のちのドラゴンのイメージ確立に一役買った可能性はある。

マーストリヒトの怪物

さて、ここから先は"おまけの話"だ。

ヨーロッパのドラゴンは、中国の龍とはよく似ているものの、一般的に龍よりも太めである。そして、中国の龍は、ひょっとしたらマチカネワニというワニ類がモデルとなっていたかもしれない。

こうして話を綴っていると、筆者（土屋）はドラゴンのモデルとして、ある海棲爬虫類が思い浮かぶ。調べた限り研究者の皆さまが指摘されていないし、文献等で指摘されているわけでもないので、あくまでも筆者の個人的な考えではあるが、ここでその海棲爬虫類を紹介しておきたい。

それは、モササウルス類※ である。

モササウルス類は、中生代白亜紀の半ばに登場した海棲爬虫類のグループである。その後、瞬く間に海洋生態系の階段を登り詰め、白亜紀末期にはその頂点に君臨していたとされる。そして、今から6600万年前の白亜紀末に起きた大量絶滅事件で、多くの恐竜類とともに姿を消した。モササウルス類には全長数mの小型種から、全長17mの大型種までさまざまな種が属しており、その生態も昼行性、夜行性、肉を切り裂く生態をしていたものから、獲物を骨ごと噛み砕く生態のものも、おそらく貝類を噛み砕いていたとされるものまで多様である。

肉をつけて復元され、図鑑等に掲載されるモササウルス類は「海のオオトカゲ」を彷彿させる姿がかつてよく描か

※**モササウルス類**
2015年に公開された映画『ジュラシック・ワールド』に登場し、「ジュラシックパーク・シリーズ」にデビューしました。もっとも、『ジュラシック・ワールド』のモササウルス類はかなり大型で、しかもいささか古い復元です。

れており、鋭い牙が並ぶ大きな頭部、細長いからだ、鰭となった四肢などが特徴である。

さて、このモササウルス類とドラゴンを比較してみよう。「中国の龍とはよく似ているものの、一般的に龍よりも太め」というイメージは、モササウルス類と整合的だ。中国の龍は「蛇のような胴体」を持ち、モササウルス類も同じく蛇のように長い胴体を持つ。それに加え、モササウルス類は肋骨が発達しているため、胸が広い。つまり、「ドラゴンは龍よりも太め」というイメージとあう。

復元されたモササウルス類の四肢は鰭状となっているが、実は骨を見るとそこには指がきっちりと残っている。したがって、骨だけをみれば、鰭状ではない足を想像しても不思議ではないだろう。化石の残り方次第で、四肢がすべて保存されていれば「四足のドラゴン」を想像できるし、4本のうち、2本の以下の脚しか保存されていなければ「二足のドラゴン」を想像するのではないだろうか。大型脊椎動物の化石の保存がけっして良好ではないことを考えれば、四肢の残存度によって、ドラゴンの足のイメージが "ぶれ" てもいいはずだ。イメージのぶれに関しては、特定の種ではなく、「モササウルス類」というグループが、モデルとなっていると考えることもできる。モササウルス類には大小さまざまな種が属しており、そのちがいがドラゴンの多様性につながったのかもしれない。

興味深いのは、モササウルス類の化石が発見され、研究された、その "公式記録" である。

オランダの初期の地球科学研究史をまとめた『Dutch pionerres of the earth sciences』や、世界中の化石研究に関する逸話を集めた『FOSSIL REVOLUTION』（邦訳：『化石革命』）などによると、最初のモササウルス類の化石は、

1766年にオランダのマーストリヒト近郊で発見され、その後、1770年から1774年にかけての発掘で第2の標本が見つかった。これらの標本は長さ1mを超える顎の化石であり、そこには強力な肉食性を想像するのに十分な鋭く、大きな歯が並んでいた。

　この二つの標本のうち、とくによく知られているのは、第2標本である。これは、石灰岩採石場の入口から約150m、地下30mで発見された。記録によると、顎の化石

モササウルスの旧復元
まさしく「海のオオトカゲ」を彷彿とさせます。この姿が、ドラゴンのイメージの元になったかも？　ただしこの復元は古いものです（本文参照）。

モササウルスの化石
パリ自然史博物館で展示されているモササウルスの顎。標本長1.6m。
（Photo：FunkMonk）

モササウルス類クリダステス

きしわだ自然資料館に展示されているモササウルス類、「クリダステス（*Clidastes*）」の全身復元骨格です（標本長約3m）。四肢がはっきりと確認できますし、少し太めの胸部など、ドラゴンのイメージと整合的な部分は多いのではないでしょうか。

（Photo：安友康博／オフィス ジオパレオント）

だけではなく、他の部位についても見つかったという。

　この化石は、外科医のホフマンが私費を投じて発掘した。しかし、土地の所有者であったゴダンという司教が所有権を主張し、裁判の結果、ゴダンのものとなった。そして、ゴダンはこの化石のために礼拝所をたてたという。その後、この標本は、俗に「マーストリヒトの大怪獣」と呼ばれるようになる。当時はこの化石が哺乳類のものなのか、爬虫類のものなのかはわからなかったという。

　つまり、マーストリヒトの大怪獣は、「ドラゴンの骨」とはみなされなかったのである。あくまでも、実在の動物グループに属するものとして、議論は進められた。しかし、マーストリヒトの大怪獣がドラゴンの骨とみなされなかったのは、発見された時期に関係があるのではなかろうか？

　1770年代といえば、すでにスウェーデンの博物学者で

あるカール・フォン・リンネによって分類法が確立されて数十年が経過していた。折しもイギリスで産業革命がはじまったころである。ドラゴンを実在のものとしていた（考えることができた）中世は終わり、科学とリアリティが支配する近世へと時代は変わった。

こうした時代背景を考えると、マーストリヒトの大怪獣を「ドラゴンの骨」とは考えず、現実的に「哺乳類のものなのか、爬虫類のものなのか」と考えるしかなかったとみても不思議はないだろう。つまり、近世になってからは、"未知の動物の骨（の化石）"を「ドラゴンの骨」と考えることは、"時代（流行）遅れ"となっていたのではないだろうか。そのため、新たに発見された爬虫類化石を「大怪獣」として扱ったのではないだろうか？　言い換えれば、この発見が近世ではなく、中世以前であれば、「哺乳類か、爬虫類か」などの議論をせずに、「ドラゴンの骨」としていたのではあるまいか。

その後の研究もおもしろい。

当時、ヨーロッパは非常にきな臭い時代であり、1789年にフランスでは革命が勃発。1790年代には、ナポレオンに率いられた共和国軍が各地へと侵攻をはじめた。

マーストリヒトに共和国軍がやってきたのは1795年である。すでに大怪獣の存在は広く知られていたため、共和国軍は化石が保管されていた礼拝所周辺を避けて砲撃し、マーストリヒトが降伏した後にその化石を略奪してパリへと送った。

これを待っていたのは、フランスの研究者たちだ。古生物学黎明期に活躍したジョルジュ・キュヴィエたちがこの標本を歓迎し、分析した。彼らが最初に出した結論は、これはワニであるというものだった。

　しかし議論の末、最終的にはそれまでに知られていなかった海棲爬虫類であると結論し、キュヴィエが「モササウルス（*Mosasaurus*）」という名前をつけた。

　黎明期とはいえ、古生物学の知識のある人々が、大怪獣のことをワニと最初に考えたことに注目したい。中国の龍に関しても「ワニが龍のモデルではないか」というほどに、龍とワニは親和性が高い。この点を考えると、モササウルスとワニ、そしてドラゴンのイメージも連想の範囲内ということができるのではないだろうか。

　モササウルスとドラゴンには、他にも興味深い共通点がある。ドラゴンは、池や洞窟に潜むとされている。海棲爬虫類であるモササウルス類の化石のそばには、海を思い起こすような動物化石が一緒に埋まっていても不思議ではない。これが「池」というイメージとあう。また、マーストリヒトの大怪獣の発見場所を思い出して欲しい。そこは、30mもの深度がある地下だった。この点も「洞

窟に潜む」という、ドラゴンの巣のイメージと整合するといえよう。

　残念ながら、モササウルス類には翼をイメージさせる骨はないけれども、「龍よりも太めのからだ」であり、「四肢」があり、「ワニとの関連するとみられた（つまり龍と"共通"する）過去」があり、「化石の発見場所と生息場所が一致する」という点がある。

　18世紀のマーストリヒトの大怪獣の発見は、あくまでも"公式記録"である。モササウルス類の化石は、ヨーロッパをはじめ、世界各地から見つかる。したがって、公式記録以前にもどこかでそれが見つかっていた可能性はある。中世以前の人々がモササウル類の化石を（洞窟等の地下で）発見し、そこからドラゴンのイメージを組み立てたのではないだろうか。ぜひ、研究者の皆さまには、この点の検証を（お手すきのときにでも）お願いしたいものです。

 ## 怪物の今の姿

　おまけの話をもう少し続けたい。

　最初にワニと復元され、のちに海のオオトカゲと復元されたモササウルス類。この「海のオオトカゲ」のイメージこそが、ドラゴンの"元ネタ"に近いのではないか。前項で、筆者はそうまとめた。

　ただし、このモササウルス類そのもののイメージは、2010年以降の研究で再び大きくかわっている。

　それまでのモササウルス類は「海のオオトカゲ」といわれるように、その尾は長くその先はしだいに細くなり、全身をくねらせながら泳ぐように復元されていた。

　しかし2010年にスウェーデン、ルンド大学のヨハン・リ

ンドグレンとカナダ、ロイヤルティレル博物館の小西卓哉たちは、モササウルス類の全身骨格を詳細に検証。モササウルス類の尾の骨の先端部分は、トカゲのようにまっすぐ後方に伸びるのではなく、ゆるやかに下に曲がることを突き止めた。この曲がり方は、現生のサメ類の尾にみられるものと同じであるという（ただし、サメ類は下方ではなく上方に曲がる）。いうまでもなく、サメ類の尾には尾鰭がある。

このことから、それまで復元されてこなかった「軟組織の尾鰭」がモササウルス類にあったことが示唆されるようになったのだ。

モササウルス類の解析は、さらに続いた。

2012年には、小西たちが同じ標本を再解析。肋骨の特徴から、その胴体はトカゲの仲間よりも、流線型のからだを持つ現生のクジラ類に酷似していることを指摘した。さらに、2013年になって、リンドグレンたちによって、モササウルス類の尾鰭をつくっていた軟組織の痕跡とみられる化石を報告した。

こうした一連の研究によって"改変"されたモササウルス類の復元には、かつての海のオオトカゲのイメージはない。尾鰭を持ち、どちらかといえば、トカゲよりも、シャチを彷彿とさせるもので、クジラ類に近い姿をしている。尾鰭があったということは、単純に「あった」というだけではない。尾鰭があるということは、それを遊泳の推進力として使っていた可能性は高く、「全身をくねらせながら泳ぐ」という生態も変更を迫られることになった。

もはや"現在のモササウルス類のイメージ"は、ドラゴンのイメージとはかけ離れたものであるといえる。現在のモササウルス類の復元が正しいとすれば、仮に生きたモサ

サウルス類を人類が見ていたとしても、ドラゴンを思い
つくことは難しかったのにちがいない。ただし、これは
最新の見解にもとづくもので、過去のイメージであれば、
前項までにまとめたように十分にドラゴンとの関連性を
見いだせるのではないだろうか。

　ドラゴン＝モササウルス類の説の真偽はともかくとし
て、龍と同じようにドラゴンもやはり多くの人々を魅了
するようである。和書だけでもそれなりの数の書籍が刊
行されているので、ご興味を持たれたら、ぜひ、ご一読
をおすすめする。

ONE POINT COLUMN

近江鯉与鰐戦物語

ワニが石になるという話が、平安時代末期の今昔物語に書かれています。タイトルは「近江鯉与鰐戦語（おうみのこいとわにとたたかうこと）」。琵琶湖が中心となる話です。収録されている「巻第三十一　本朝付雑事」は今昔物語の最終巻で、当時の日本で起こった不思議な出来事がまとめられています。この一節の内容を以下にまとめます。

> 近江国、瀬田川に心見（しんみ）の瀬があり、その瀬に大海のワニが来て、琵琶湖の鯉と戦った。その結果、鯉が勝ってワニが負け、ワニは川を下って山城の国で石となった。いっぽう鯉は琵琶湖にのぼり竹生島（ちくぶ）の周りを泳ぎ回った。心見という名前は鯉が回る（繞く（しま））ところから名付けられたものだ。
> かのワニが化した石というのは山城の国の○○郡の○○にあるものがそれである。かの鯉は今も竹生島を回っているそうだ。心見の瀬というのは、瀬田川の○○の瀬のことである。

琵琶湖の南「瀬田の唐橋」は古くから架かっていて、浮世絵のモチーフにもなっています。橋のたもとから見上げるアングルで、鯉とワニが格闘している姿を描いてみると、特撮を彷彿とさせます。平安時代の人々も、こういった物語に現代の特撮ファンと同じように憧憬していたと思うと、1000年以上という時代の隔たりを超えてとても身近に感じられてきますね。

さて、「近江鯉与鰐戦語」は人文系の研究だと地名の起源に関する伝説として注目されている一節のようですが、本書を読んでいるとおそらく「ワニが石になった」という記述のほうに興味を惹かれてしまうでしょう。ここでは今昔物語を例に挙げましたが、生物が石になる話は日本に限らず広く世界中の伝承に普遍的にみられます。中には実際に化石を見たことが元になっていそうなものもあり、今後詳しく調べていく必要のあるテーマの一つだと思っています。

日本列島には、長きにわたってワニが住んでいました。ワニは化石になりやすい水辺の環境にいたこともあって、各時代の地層から産出します。恐竜のいた中生代の地層からも、離島（島根県隠岐の島）の2000万年前の地層からも、ワニ化石が見つかっています。

地質時代から縄文時代にかけて水辺が広がっていた大阪平野では、各地でワ

「近江鯉与鰐戦物語」の一場面を、久正人氏に描いてもらいました。ワニはマチカネワニ、鯉は真鯉を参考にしています。

二類化石の発見報告があり、マチカネワニ、キシワダワニ、タカツキワニなど、産出地の名前が付いています。今の近畿地方を中心に、日本列島は意外とワニ化石が豊富に産出しているのです。このように長きにわたって日本列島に生息していたワニですが、私たち人類が初めて日本列島に渡ってきたころにはすでに絶滅していたと考えられています。

　しかしながら、近代以前にも田んぼや畑を開墾する際や、山や丘を削って道路を作る時などには、たびたび化石は見つかっていたのではないでしょうか。歴史時代以降はずっと交通や交流人口の中心であった琵琶湖周辺を舞台にしてワニが石になったという話は、多くの人々が化石を目にしていたところから着想を得ている可能性がありそうです。

源平盛衰記のぬえ
「鵺」とも「鵼」とも書かれる妖怪。『源平盛衰記』の記述にもとづいて、久正人氏に"復元"してもらいました。

6章 夜鵺

ぬえ

「ぬえ」は、日本の怪異である。「頭は猿、背は虎、尾は狐、手足は狸」とされ、平安の都を騒がすものとして登場した。実在の人物である源頼政が退治したことで知られている。この怪異に迫るために、まずは有名な古典の紹介からはじめよう。そして、本書の監修者である荻野慎諧博士の仮説を紹介する。

平家物語

── 祇園精舎の鐘の声、諸行無常の響きあり。娑羅双樹の花の色、盛者必衰の理をあらはす。おごれる人も久しからず、ただ春の夜の夢のごとし。猛き者もつひには滅びぬ、ひとへに風の前の塵に同じ。──

多くの日本人にとって、「一度は読んだことがある」であろう『平家物語』の冒頭である。この文を暗唱したことがある、という人も多いかもしれない。なにしろ、日本においては明治以降の中学校・高校の教科書で平家物語の一部が採用されてきた。それだけに古典でありながらも馴染みのある物語であるといえよう。

もっとも、私たちが教科書で読んだ平家物語は、全体のほんの一部だ。原著は、全12巻におよぶ壮大な叙事詩である。いわゆる「軍記モノ」であり、12世紀の終盤に日本を舞台として展開した源平の争乱が描かれている。

少し、歴史の話をしよう。

平家物語の舞台は、12世紀、いわゆる平安時代の後期である。当時の日本では、上皇・法皇による院政が行われていた。院政期は天皇家中心の政治が続く一方で、治安維持や叛乱鎮圧などに武士が活躍し、力をつけてきた時期でもある。そうした武士の中心が平氏であり、そして、源氏であった。

1159年、平治の乱が起きる。これは、貴族である藤原信頼※の叛乱であったが、上皇・天皇側の平清盛ら平氏と、藤原信頼側の源義朝※ら源氏との争いでもあった。戦いの結果、叛乱勢力は鎮圧され、源義朝は逃亡中に殺された。源氏の次期棟梁である源頼朝※は、京の都から遠く離れた伊豆にて "軟禁" されることになった。

※藤原信頼
大化の改新で活躍した藤原鎌足を祖とする藤原氏の子孫。平治の乱で破れた後に斬首となりました。享年27歳。

※源義朝
源頼朝、源義経の父。最後は家臣によって謀殺されました。享年38歳。

※源頼朝
源義朝の嫡男であり、源義経の兄。鎌倉幕府の開祖にあたります。

1167年、平氏の棟梁であった平清盛※が太政大臣になると、実質的に政権は平氏のものとなる。平氏は天皇家と強い縁戚関係を結び、その権勢は隆盛を極めたとされる。

　しかし1180年になると、伊豆の源頼朝、木曽の源義仲が相次いで叛乱・挙兵。そして、平氏にとってはおそらく最悪に近いタイミングで、棟梁であり、指導者であった平清盛が1181年に病死した。

　その後、源氏は西へ西へと攻め上がり、京の都を掌握。平氏は西へ西へと逃れ、1185年、現在の下関市沖の瀬戸内海、壇ノ浦で最後の戦いが行われた。この壇ノ浦の戦いに敗北したことによって平氏は事実上滅亡し、やがて源氏による新たな時代がはじまっていくことになる。平家物語には、主に1177年から1185年にかけての平氏の隆盛と衰退が描かれている。

　平家物語は、後世日本においても抜群の知名度を誇っている。その一方で、成立年、作者ともに不詳という側面も持つ。当時、琵琶を持って弾き語りをする琵琶法師という盲目の僧たちがいた。平家物語はそうした僧たちによって語り継がれてきたとされる。

”記録” された怪異

　平家物語四の巻に「鵺」と題された“章”がある。古川日出男によって現代語訳された『平家物語』では、「怪物、二度も射殺のこと」という副題がつく。ここに登場するのが源頼政だ。

　源頼政は、鬼（酒呑童子）※の討伐で知られる源頼光の子孫にあたる人物だ。源氏でありながらも平治の乱においては、上皇・天皇・平清盛派に味方して、のちに大内裏

※平清盛
もはや説明がいらないくらい平氏の有名人にして、代表的な人物。清盛時代の平氏は「平家にあらずんば人にあらず」というほどの権勢を誇りました。

※酒呑童子
京都の大江山に巣食っていたとされる鬼。眷属が多く、京の町の人々をさらって食べるといわれ、恐れられていたようです。部下に茨木童子がいます。インターネットで画像検索をかけると、両鬼とも最近はずいぶんと愛らしい姿がヒットします。

※源頼光
平安時代中期の武人。藤原道長と同時代に活躍しました。渡辺綱、卜部季武、坂田金時（金太郎）、碓井貞光の4人（頼光四天王）を率いての怪異退治は当時から有名だったようです。インターネットで画像検索をかけると、女性のイラストがヒットしますが、史実では男性です。

の守護を務めていたとされる。そんな源頼政の「一生涯の名誉」として、鵺の逸話が語られている。

ときは近衛天皇のころとされる。鳥羽法皇による院政時代の話で、平治の乱よりも18〜4年ほど前の話だ。

毎夜、深夜になると黒雲が現れて御殿の上を覆い、近衛天皇が何事かにうなされて、気絶するという事態が発生していた。効験灼かな高僧・貴僧が対応するものの、何の効き目もナシ。そこで故事を調べると三代前の堀河天皇のときも同じようなことがあったという。そして、このときは源義家が弓の弦を鳴らして妖魔を祓ったとされる。

この故事にならって近衛天皇のときにも「武士に命じて警固を」ということになり、源頼政が選ばれた。頼政は、信頼をよせる井早太をともなって参内し、怪物に備えた。

その夜、黒雲が現れて御殿の上を覆った。頼政が眼をこらすと、雲の中に怪しい影がある。頼政は矢をとり、弓につがえ、引き絞った。

そして放つ。手応えがあった。ただちに早太が駆け寄って、怪物の落ちるところを取っておさえ、続けざまに刀を九編刺し通した。

『平家物語』（古川日出男訳）からそのときの情景を引用しよう。

—— **殿中の上位下位の人々**が、**手に手に篝火を灯してご覧**になる。よくよくご覧になる。すると、これはいったい何か。**頭**は**猿**。**胴体**は**狸**。**尾**は**蛇**。**手足**は**虎**の姿ではございませんか。しかも、**鳴く声**といったら**怪鳥**の**鵺**に似ているではございませんか。**恐ろしい**などという**言葉**では、とてもとても、**片鱗**も**言い表せません**よ ——

この怪物は再び登場する。

今度は二条天皇のころとされる。平治の乱前後のころの話だ。宮中で怪鳥の鵺が鳴いて、天皇を悩ませる、という事態が発生した。

ここにも頼政が呼ばれる。頼政は鵺の声がした方向へ鏑矢をまず放った。鏑矢は凄まじい音を出す。その音に驚いた鵺が「ひひ」と鳴いたのを狙って二の矢を放ち、射ち落とした。

このときの鵺の描写は平家物語にはない。近衛天皇のときと同じだから省略されたのであろうか。

異本、源平盛衰記

『平家物語』には、いくつかの異本が存在する。その中の一つが『源平盛衰記』だ。全48巻。平家物語と比べると源氏に関すること、仏教に関すること、中国故事などが増補され、鎌倉時代に成立したものとされる。

その陀巻第十六に「三位入道芸等の事」と題された“章”があり、ここにもぬえに関する記述がある。ここからは、三野恵によって訳された『完訳 源平盛衰記 三』を軸に話を進めていこう。

同書では、ぬえに対して「鵼」の字があてられる。やはり、二条天皇のころ、鵼が出没し、天皇が悩まされていた。ここでも、源頼光の子孫にあたるということで、源頼政に白羽の矢が立つ。指名された源頼政は、井早太とともに丁七唱をともなって参内し、討伐に当たった。平家物語と比較すると、まずは部下の数が多い。

黒雲が現れ、頼政が鏑矢を放ち、そして二の矢で鵼を射ち落とすところは、平家物語と同じだ。ただし、射ち落とした鵼にまず駆け寄ったのは、早太ではなく唱である。唱

は鵺に抱きつく形で捕獲する。ついで、早太が現れる。『完訳 源平盛衰記 三』よりその場面を引用しよう。

―― 早太はかけ寄って化け物に縄をつけて庭上に引きすえた。二条院がこれをご覧になったが、頭は猿、背は虎、尾は狐、足は狸、鳴く声は鵺というくせものであった。「実に希代のくせものである。まことに獣がこのような力で君を悩まし奉ることがあったものよ、不思議である」と仰せられた。これを見た者、聞いた者は口々に頼政が射たと賛嘆したのであった。その変化の物は清水寺の岡に埋められたのであった。――

源平盛衰記においては、頼政による鵺の討伐はこの一度きりである。

平家物語と源平盛衰記の描写のちがいに注目しよう。

まず、紛らわしさを避けるために、ここからは「ぬえ」という平仮名での記述で進めることにする。

平家物語におけるぬえは、「頭は猿。胴体は狸。尾は蛇。手足は虎の姿」と記載されている。一方、源平盛衰記にお

平家物語のぬえ
『平家物語』の記述にもとづいて、久正人氏に"復元"してもらいました。

源平盛衰記のぬえ
平家物語バージョンとのちがいに気づかれるでしょうか？

149

けるぬえは、「頭は猿、背は虎、尾は狐、足は狸」となる。何気なく読んでいると読み飛ばしてしまいそうだが、頭以外の描写が異なることに気づかれただろうか。胴体（背）は狸（平家物語）と虎（源平盛衰記）で異なり、尾は蛇（平家物語）と狐（源平盛衰記）で異なり、足は虎（平家物語）と狸（源平盛衰記）で異なっている。どちらが正しいとは言い難いが、「尾は蛇」という描写を「いささか無理がある」と考えると、源平盛衰記の描写の方が、生物のデザインとして破綻がないといえるのかもしれない。

　ちなみに、鵺もしくは鵼とは、本来は怪異の名称ではない。村上健司著の『妖怪事典』などによると、もともとは夜の森などで消え入りそうになくトラツグミ＊のこととされる。つまり、実在の鳥である。怪異としてのぬえの名は、その鳴き声がトラツグミに似ていることに由来する。

 ## 詳しすぎる記述

　本書の監修者であり、博士号を有する古脊椎動物学の専門家であり、兵庫県丹波市地域おこし協力隊として活躍し、そして「妖怪古生物学者」と名乗る荻野慎諧は、自身が協力した2016年の大阪大学総合学術博物館の特別展「科学で楽しむ怪異孝 妖怪古生物展」の図録で、「この生き物の正体を単に空想上の生き物に決定してしまうことにためらいを持っている」と書く。

　描写が詳しく、まるで実際に見たままを書き留めているようなのだ。例えば、"より確からしい"源平盛衰記の「頭は猿、背は虎、尾は狐、足は狸」という描写は、まさに見てきたような書き方であるし、トラツグミに似ているという鳴き声も、まさにそう鳴いていたという記述である。

成立時代も考える必要がある。『平家物語』も『源平盛衰記』も、おそらく鎌倉時代の成立と考えられている。この時代、日本人の識字率は決して高くない。読み書きができるということは、特権階級にほぼ限られていた。そんな時代に、細部まで空想たくましく描写するものだろうか？　もしも空想できたとしたら、なぜ、ぬえをもっと恐ろしい存在としなかったのだろうか？

　何しろ、先に紹介したように、天皇を悩ませるほどの事案である。しかも、登場するのは『今昔物語』などで名を馳せた武将、源頼光の子孫だ。ちなみに今昔物語は平安時代末期の成立とされており、平家物語や源平盛衰記よりも古い。

　頭が猿というのは、それなりの不気味さはあるけれども、ネコやオオカミなどの方がより恐ろしいものではないだろうか？　それに背をトラにする理由は何だろう？　トラを出すのであれば、むしろそれが頭であった方が迫力が出そうだ。犬歯をぐっと長くのばしても良い。足をタヌキ、というのもモッタイナイ。もっと鋭い爪、太い足にしたっていい。

　極めつけは鳴き声だ。荻野は「トラツグミのような悲しげな声よりも、オオカミのように吠えるほうがより化け物じみてくる」と指摘する。

　天皇、つまり、ときのかなりの上位権力者を悩ませるほどの怪異を描くとするのであれば、もっと存在感を出した方が効果的だろう。つまり、ぬえは怪異としての“設定”が弱い、と言い換えても良いかもしれない。

　しかもこのぬえは、源頼政によって、実にあっけなく退治されている。源頼政は実在の人物で、源氏ながらも平氏に与し、そして出世を遂げた人物である。そんな頼政の「一

生涯の名誉」（平家物語）として紹介し、天皇を救ったほどの逸話であれば、もうちょっと手強い怪異を出した方が、ありがたみが出そうである（もっとも、この "強敵であるべき的な考え方" こそ、現代的な思想かもしれないけれど）。

荻野は「実際に観察されたものを描写していたと考えることはできないだろうか」という。鳴き声にしても、「哺乳類は、声を使ったコミュニケーションをとるので、いつも同じ鳴き方ではない。身近な動物であるイヌやネコにしても、『ワン』なり『ニャア』だけでなく、例えば雷が鳴っているときの怯えた声色を聞いたことがあるだろう」と指摘する。ぬえの鳴き声として描写された鳴き声は「怯えた声、不安で寂しげな声をそのまま描写したのだろう」というわけである。

 ## ぬえの正体？

平安の世を騒がせた怪異、ぬえ。その正体は実在の動物ではないだろうか？

荻野が最有力の候補として挙げる動物が、「レッサーパンダ」だ。

レッサーパンダ。学名は「アイルルス・フルゲンス（*Ailurus flugens*）」。現生種は、この１種のみが確認されている（正確には、２亜種に分かれる）。

アイルルス・フルゲンスの生息地は、ヒマラヤから中国

南部にいたるユーラシア大陸中央の高原地帯だ。ジャイア
ントパンダほどではないけれども、かなり限定的な場所に
生息する動物で、しかも絶滅危惧種である。

レッサーパンダ
ぬえと同じ構図の現生
レッサーパンダを久正
人氏に描いてもらいま
した。ぬえと似ている?

※風太
こういう時事ネタを本文中に入れることは、書き手としてはなかなか勇気のいることですが……。ちなみに、風太が話題になったのは、2005年です。

　もっとも、日本においてはいくつもの動物園で見ることができるので、そうした場所で「見たことがある」という人も多いかもしれない。一時期は、「2本のあしで立つ」として、テレビでも報道された。「風太」※という千葉市動物公園の個体を覚えている人もいるだろう。

　アイルルス・フルゲンスは頭胴長50〜60cm、長さ20〜50cmの尾を持つ。頭部は丸顔で吻部はさほど突出していない。頭部の毛の色の主体は赤褐色。ただし、耳と吻部は白く、その他にも眼の上や、頬の一部が帯状に白い。体毛の色も赤褐色が主体である。腹と四肢は黒色で、尾はふさふさとして幅があり、そこには輪状の模様が並ぶ。

　アイルルス・フルゲンスという名前が与えられたのは、1825年のことだ。いわゆる“西欧人”として、この動物をはじめて発見したのはイギリス人のトマス・ハードウィック将軍とされているが、真偽のほどは不明である。

　生活は半夜行性。夕暮れから夜にかけて活動する。基本的には単独で行動し、長い尾でバランスをとりながら、器用に樹木をよじ登る。ちなみに、もともと暮らしていた場所が場所なので、暑いのは苦手だ。筆者（土屋）が、かつて科学雑誌『Newton』の記者をしていたときに、多摩動物公園に取材をしたところ、同園のレッサーパンダは、気温が28℃を超えると行動が鈍りはじめ、30℃を超えると熱中症で倒れることもあるという話を聞いた。

　アイルルス・フルゲンスは、普段は単独行動を行っているが、もちろん繁殖期にはつがいを探す。このときに声を発する（普段はめったに鳴かない）。雌雄でたがいに呼び合うその鳴き声は、まるで小鳥のようである。現在は便利なもので、「レッサーパンダ」「鳴き声」というキーワードでインターネット検索をすれば、その鳴き声を確認できる

動画などを見ることができる。この声質で、寂しさや怯えから来る声を出したとしたら……さて、いかがだろうか？

さて、こうした特徴を見ると、なるほど、アイルルス・フルゲンスはぬえのモデルとして、有力候補かもしれない。

ぬえにおいては「頭」「背」「足」「尾」と部位によって描写が分かれているが、アイルルス・フルゲンスも、「頭」「背」「足」「尾」で毛色が異なるという特徴がある。頭が猿に見えるかどうかは別としても、吻部が短いという点では、似ているといえなくもない。背はトラ、足はタヌキ、尾はキツネという表現は、許容の範囲内にあるように思える。レッサーパンダという動物を知らなかった人々にとっては、レッサーパンダは「大猫」とも「大狸」ともいえないような特徴を持っているように見えたとしても不思議はない。加えて鳴き声も妙であるということであれば、既知の動物の特徴を引用しつつ、見たままを記載するしかなかったのだろう。

問題はサイズだ。アイルルス・フルゲンスは頭胴長50〜60㎝、尾長20〜50㎝。つまり、全長はせいぜい1ｍほどだ。

しかし、『平家物語』においては、源頼政が射ち落としたぬえに対して、井早太が「刀を九編刺し通す」。源平盛衰記でも、丁七唱が「抱きついて捕獲」し、早太は「縄をつけて引きすえる」。1ｍほどの動物に対して、この描写はいささか大仰ではないだろうか。

 絶滅した大型種

実は、荻野が指摘するレッサーパンダとは、現生種のアイルルス・フルゲンスではない。その名を「パライルス

（*Parailurus*）」という。

　そもそも現生レッサーパンダを含むレッサーパンダ類（科）に含まれる哺乳類は、現生属のアイルルスだけではない。パライルルス、マガリクティス（*Magerictis*）、プリスティナイルルス（*Pristinailurus*）といった絶滅属も確認されている。このうち最も古いものは、スペインに分布するおよそ約1600万年前の地層から化石が見つかったマガリクティスだ。1600万年前というと、時代名としては新生代新第三紀中新世にあたる。また、遺伝子を利用した研究では、およそ3000万年前に、イタチやクマとの共通祖先から分かれたとされる（化石は発見されているか否かという問題があるので、往々に遺伝子による研究結果は、化石記録よりも古くなる）。

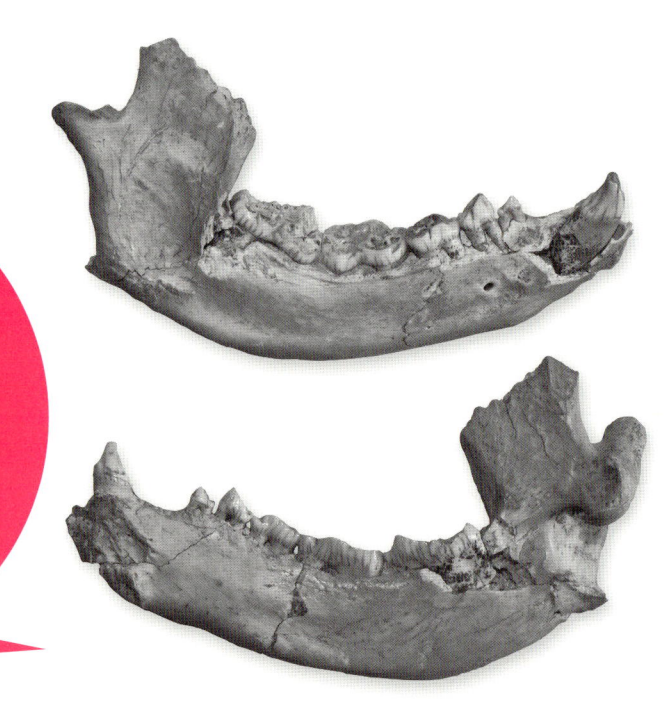

パライルルス・バイカリクスの下顎

左の下顎の内側（上段）と外側（下段）。長軸方向が10cm近くの大きなものです。同じ肉食類であってもイヌの仲間よりも短い吻部であり、このこともぬえの描写と整合的です。ちなみに、この歯は高度に植物食として発達していて、すり潰しに適しています。

（画像提供：荻野慎諧）

荻野が指摘するパライルルスとは、マガリクティスの1000万年ほどのちに現れ、その後、数百万年にわたって、すなわち中新世後期からその次の鮮新世の半ばにわたって生存が確認されている（化石が見つかっている）。この時代は、ケナガマンモスで知られるマムーサス・プリミゲニウス（*Mammuthus primigenius*）の登場よりも200万年以上古く、サーベルタイガーの代名詞として知られるスミロドン（*Smilodon*）の登場時期とほぼ同じか少し古い。当時、人類そのものは、すでに登場していたものの、現生種であるホモ・サピエンス（*Homo sapiens*）はもちろん、ホモ属さえ登場していなかった。アフリカの森林の中で、アルディピテクス（*Ardipithecus*）やアウストラロピテクス（*Australopithecus*）と呼ばれる人類が木登りをしながら暮らし、そして、平原へ生活圏を広げていった時代でもある。パライルルスは、そんな時期の動物だ。

　パライルルスは、全身の化石は見つかっていない。しかし、臼歯や吻部に注目すると、現生種とよく似た特徴を見ることができるという。その容姿が似ていた可能性は高い。

　ポイントは、パライルルスの大きさである。たとえば、ロシアのバイカル湖近くに分布する鮮新世半ば（およそ400万年前）の地層から化石が見つかったパライルルス・バイカリクス（*Parailurus baikalicus*）の下顎の第二臼歯は前後約2cm、左右も1.2cmほどあった。

　2cm、1cmと書くと、「なんだ、その程度の大きさか」と思われるかもしれない。しかし、実はこれはかなりの大きさである。

　実際、アイルルス・フルゲンスの同じ位置の歯の大きさは、前後約1.3cm、左右も0.6cmほどである。パライルルス・バイカリクスのほぼ半分という大きさだ。あなた自身の第

二臼歯を測定する機会はなかなかないだろうが、そうそうパライルルス・バイカリクス並の大きさを持つことはないはずである。もしもお近くに定規があれば、実際に2cmというのを確認してみてほしい。「歯の大きさ」という視点でみれば、いかに大きいか、ということがわかるだろう。

パライルルス・バイカリクスは下顎の化石も見つかっており、その前後の長さはおよそ9cmほどである。厚みもあり、アイルルス・フルゲンスと同じように発達した犬歯を持っていた。

荻野によると、この下顎と臼歯から推測される全長は1.5mほどとされる。このサイズであれば、当時の平均身長を考えると「ヒト大」といえそうだ。『平家物語』において井早太が刀を九編刺し通したり、『源平盛衰記』において丁七唱が抱きついて捕獲し、早太が縄をつけて引きすえたり、という描写にあうサイズであるといえるだろう。

 ぬえは、"大型レッサーパンダ"の生き残りなのか

パライルルス・バイカリクスのような絶滅レッサーパンダがぬえのモデルであるとして、問題となるのは、その生息時期と生息範囲だ。はたして、平安の世の日本に、かくも大きなレッサーパンダがいたのだろうか？

まず、パライルルス属にはバイカリクス以外にも複数の種が存在し、皆それなりに大きい。荻野によると、パライルルスの化石はヨーロッパや北アメリカからも見つかっているという。現生属たるアイルルスが、ヒマラヤから中国南部に分布が限定されていることを考えると、これは大きなちがいといえよう。

そして、かつて日本にもパライルルスがいたことがわかっ

ている。新潟県長岡市からパライルルス属のものとされる歯化石が一つ、報告されているのだ。それは、第四小臼歯にあたる化石であり、アイルルス・フルゲンスの1.5倍の大きさがあった。パライルルス・バイカリクスほどではないにしろ、十分に大型の個体の歯であるといえよう。

そう。かつて、日本にも大型レッサーパンダは生息していたのである。

さて、そうなると問題はその新潟の化石がいったいいつのものなのか、ということになる。

残念ながら平安の世のものではない。はるか昔、新生代新第三紀鮮新世、今から400万年前〜300万年前のものとされている。したがって、新潟県で発見された化石と同じ種が、平安時代まで生き続けてきた、というのはいささか難しいかもしれない。荻野自身も「レッサーパンダ類の進化や分布を語るうえで、1600万年前から400万年前の大型種と、300万年前の大型種、そしてその種から現生レッサーパンダまでの空白期間は、化石記録という物証がまだないので、現段階では直接の関係性を論じることができない」としている。

ただし、ここで荻野は「レフュジア」を提案する。レフュジアとは、いわば「避難場所」のことである。急激な環境の変化などによって、周囲の生態系が変化しても、ある特定の地域だけにおいては、かつての動物たちが生き残るという、そんな場所だ。高山や島などは、そうしたレフュジアとしてしばしば動植物を生き残らせてきた。実際、アイルルス・フルゲンスが現在も生息しているということは、ヒマラヤから中国南部にかけての高山地帯がレッサーパンダ類にとってのレフェジアだったと考えることができる。

平安時代までの日本（あるいは京周辺）は、大型レッサー

パンダにとって、レフュジアだったのかもしれない、というわけだ。

　これを一概に「荒唐無稽」という断じることができないという事情が、古生物学界隈には存在する。シーラカンスの例があるからだ。現在、アフリカ東岸沖とインドネシアで生息が確認されているシーラカンス※は、20世紀初頭まで、誰もが中生代白亜紀末に滅んだものと考えていた。しかし1938年の捕獲によって、シーラカンスは実に6600万年以上にわたって、子孫を残しつづけていたことが明らかになったのだ。

　シーラカンスの歴史の“空白期間”に比べれば、大型レッサーパンダのそれは実におよそ20分の1ほどだ。まだ化石が発見されていないだけで、日本というレフュジアに大型レッサーパンダが生き残っていた可能性は十分あるといえよう。

　「ぬえ」＝「大型レッサーパンダ」という仮説を証明するためには、今後、日本で“歴史の空白期”の大型レッサーパンダの化石が見つかればいい。あるいは、まだ我々が知らない場所で、野生の大型レッサーパンダが生き残っていれば、これに勝る証拠はないといえるだろう。

　あなたの近所の森からは「ひひ」という声は聞こえてこないだろうか？

ONE POINT COLUMN

監修者 妖怪古生物学者 荻野慎諧博士の ワンポイントコラム

大型レッサーパンダに至るまでの過程

　本文にあるように、ぬえは、一般に平家物語に準拠する姿で知られています。あるとき源平盛衰記を読んでいて姿の描写が異なっていたことが、ぬえに着目するきっかけとなりました。ぬえの姿の情報を集めてみると、哺乳類であることに間違いはなさそうです。全体の描写から食肉類まで絞り込めそうです。しかし国内に分布するイタチ類、クマ類などはシルエットで区別がつきますし、当時の人々が誰も知らないということは考えづらいところです。タヌキ・キツネなどのイヌ科、ネコやトラに似た部位があると描かれていますが、こちらも夜目に区別がつくでしょう。

　そのあたりでふと、ネコの学名の事を思い出しました。ネコ「フェリス」はラテン語がもとになっています。学名はもともとラテン語やギリシャ語をもとに命名されることが多いですが、ギリシャ語の「アイルルス」はレッサーパンダにつけられた学名なのです。尻尾がキツネ説を採用すれば、どの食肉類の外見とも似ていないこの生物を、ほとんど無理なく説明できそうだ、と思ったわけです。

　レッサーパンダ類は地質時代には大型種が北半球全域に広く分布し、ここ日本でも見つかっていました。したがって私はレッサーパンダ類といえば、大型のほうが珍しくないという認識でした。「小型の現生種が中国大陸の山奥にいる」という先入観を持たなかったことが、ぬえと結びついた大きな要因だと思います。ちなみに、シベリアで見つかった標本は、一時期霊長類のものと考えられていたこともあり、頭は「サル」という描写にも親和性があると思いました。

　時間軸を考えると、レッサーパンダ類最古の種が1600万年前イベリア半島に姿を現し、そこから1000万年以上空いて大型種が北半球全体で見つかり出します。それ以降、現在に至るまで記録はなく、分布地域の縮小時期もよくわかりません。記録は断片的ですが、辺縁の地である日本列島で、高山地帯に分布していた氷期の遺存種がつい最近まで生き残っていた可能性はなくもないでしょう。

7章　天狗

「天狗」は日本独自の怪異とされる。長い鼻、鳥の翼、山伏のような服を着て下駄をはく。およそある程度の年齢以上の日本人であれば、その姿を思い浮かべることができるのではなかろうか。しかし著者（土屋）は改めて考えてみると、自分の人生で初めて天狗を"見かけた"のはいつなのか、思い出すことができない。読者の皆さんはいかがだろう？　あなたはいつ、天狗のことを知ったのだろうか？　いつの間にか、それを知っていた。それほどまでに、日本人にとってこの怪異は"身近な存在"といえる。この章ではまず天狗という怪異について、その概略を説明したのち、平賀源内の『天狗髑髏鑑定縁起』に登場する「天狗の髑髏」と木内石亭の『雲根志』に記載された「天狗の爪」に迫ってみよう。

天狗誕生

　そもそも日本の歴史において、「天狗」はいつから知られるようになったのだろう？

　ありがたいことに天狗に関する専門書籍は数多い。例えば、『新編妖怪叢書2　天狗論』（著：井上円了）や『天狗の研究』『天狗考　上巻』（共に著：知切光歳）、『天狗はどこから来たか』（著：杉原たく哉）といった複数の書籍で、その起源について触れられている。ここでは、まずこれらの書籍による分析を参考に話を進めていこう。

　曰く、天狗の最古の記録は、『日本書紀』に見ることができるという。『日本書紀』は、720年にまとめられた完成した官撰の歴史書で、その重要度は『古事記』に並ぶものとされる。ここでは、宇治谷孟による『日本書紀（下）全現代語訳』から該当部分を引用してみよう。

　—— **九年春二月二十三日、大きな星が東から西へ流れ、雷に似た大きな音がした。人々は「流れ星の音である」と言い、あるいはまた「地雷の音である」と言った。僧旻は「流れ星ではない。これは、天狗である。その吠える声が雷に似ているだけだ」と言った。** ——

　ここでは「天狗」という漢字に「あまつきつね」というルビが振られる。

　この記録は舒明天皇の時代とされるから、大化の改新※の十数年前の話である。聖徳太子の死後から十数年といった方が、時代感は伝わるかもしれない。

　ここで登場した「旻（びん）」なる人物は、唐（中国）からの留学帰りとされている。当時の世界観でいえばかなりのエリートであり、そして政権にも影響力を持つ僧だった。

　そんな旻が流星の音のことを「天狗」としたのにはもち

※大化の改新

7世紀半ばに起きた日本史に名高い"クーデター事件"の一つです。朝廷の権力者だった蘇我氏を、中大兄皇子、中臣鎌足らが討ち、天皇中心の国家を樹立させました。中大兄皇子はのちに天智天皇に、中臣鎌足は藤原鎌足となります。藤原氏はその後、奈良時代、平安時代と隆盛を極めます。本書の「ぬえの章」に登場する藤原信頼は、藤原鎌足の子孫にあたります。

ろん理由がある。実は「天狗は日本独自の怪異」とされるけれども、古代中国にその起源はある。ただし、元来、中国の天狗の正体は流星とされている。つまり、文字通り「天をかける狐（狗）」なのだ。しかし旻は、流星と天狗の関連性を否定した。『天狗はどこから来たか』の著者である杉原たく哉は、現象として明らかに流星であるにも関わらず、旻がそれを否定して天狗としたために日本では流星のことを「天狗」とは呼ばなくなった、と指摘する。

すなわち、旻による流星の否定が、日本の天狗誕生の起点となったのである。

……とはいえ、この時点ではあくまでも「流星の音」のことを「天狗の声」としているだけで、その姿形に関する描写は一切ない。そして、姿形に言及されぬまま、ただ時間だけが経過していく。

天狗の存在は、その後、10世紀あるいは11世紀に成立した日本最古の長篇物語『宇津保物語』においても示唆されている。『宇津保物語』は、かの『源氏物語』※ の素材となったとされる書物だ。ただし、その成立年と作者は詳しくはわかっていない。上坂信男・神作光一による『宇津保物語・俊蔭 全訳注』から現代語訳された該当部分を抜粋してみよう。

── その日は、帝が北野神社にお出ましになる日で、その山の近くなどご覧になる時、当日供奉していた右大将殿（かつての若小君・兼雅）が御乗馬を迂回させ、注意しているとこの琴の演奏を耳にされ、御兄君の右大臣に申し上げなさる。

「この北山に、限り無く天まで響く楽の音が聞こえる。琴の音のように思われるが、多くの楽器を合奏しているような音色で、帝の許に置かれている〔せた風〕の

※『源氏物語』
言わずと知れた紫式部による“長編恋愛小説”。平安時代の中期に成立し、その巻数は、実に54に達しました。

同類だろう。さあ、**行ってみましょう。**
　　近くに行って聴こう。」
　とおっしゃると。（**兄の右**）**大臣**が、
　「こんな**遠い**（**人里離れた**）**山で、誰が楽器を奏でて楽し**
　んでいるだろう。天狗がしてしているに違いない。こ
　れ以上、行かない方がいいよ。」
　と**申し上げなさる。（後略）**──

　ここでも姿の描写はない。しかし、「近寄らざるべき
もの」という"怪異感"がこの文章からは伝わってくる
だろう。

　『宇津保物語』の作者が不詳である以上、いったい何を
参考にして「天狗が楽器を奏でる」「近寄らない方が良い」
というイメージを構築したのかは不明だが、すでに「流星」
とは分岐して、山中の怪異として存在する日本独自の天
狗がここに確認できる。

　しかし、ことここに至っても天狗の「姿」の描写がない。
いったいいつから怪異「天狗」はその姿を確立したのだ
ろうか？

　天狗の姿は文字による描写というよりは、絵画による
描写という形で12世紀末ごろから残されるようになる。
当時の仏教関係者が制作したとされる『天狗草子』※ に多
くの天狗が描かれているのだ。

　もっとも、『天狗草子』に登場する天狗は、私たちがお
そらく最初に想像するであろう「鼻の長い天狗」ではない。
服を着て翼を背中に生やしている点は同じではあるが、
顔は猛禽類のそれである。今日、「烏天狗」として知られ
る怪異だ。ただし、「烏」とはいっても、それがいわゆる
「カラス」を指すというわけではなく、もっぱら「トビ」
を中心とする猛禽類全般がモデルとなっているとされる。

典型的な烏天狗
トビっぽい頭をした天狗です。鞍馬天狗の配下ともいわれています。

『天狗はどこから来たか』では、こうした猛禽類は「人間の生活圏に侵入して悪さをする」と指摘する。「悪さをする」というあたりが、「怪異」のイメージとつながったのではないか、というわけである。

　一方の、“鼻の長いヒトの天狗”に関しては、烏天狗を原型として想像されたものとされる。『天狗の研究』によると、15世紀から16世紀にかけて活躍した絵師・狩野元信が将軍の命を受けて鞍馬天狗を描く際に、“鼻の長いヒトの天狗”を威厳たっぷりに描いたことが最初であるという。また、『日本書紀』に登場する鼻の長い赤ら顔の神である「猿田彦」*が天狗のイメージと結びついたともされている。

 **一般的な“天狗”とはどのようなものだろう?**

　前項で紹介したように、先人たちの研究によって、天狗の来歴はほぼ明らかにされているといえよう。元来は中国の天文現象としてはじまった怪異であるものの、8世紀には中国の怪異と“分岐”して日本固有の道を歩みはじめた。そして、遅くとも12世紀には猛禽類の顔を持つ烏天狗が登場し、15世紀には威厳たっぷりの天狗が描かれた。

　19世紀に活躍した「妖怪学者」の井上円了は、『新編妖怪叢書2 天狗論』の中で、当時の天狗像を次のようにまとめる。

　——（前略）今民間に傳ふるところの**天狗圖**を見るに、**俎徠**の言ふが如く**象の鼻、鴟の啄、虎爪雷目**にして**兩翼**あり、**其衣裳風采は山伏に似たり就中高鼻を以って其特色**とす（後略）——

　これは15世紀に描かれた天狗像と類似しており、天狗像

の定着が確認できる記述といえるだろう。もっとも、鼻の高いことに言及する一方で、「鴟の啄」、つまり、「トビ（鳶）のクチバシ」を挙げている時点で、烏天狗と威厳たっぷりの鼻の長い天狗のイメージが混ざっているのかもしれない。

2000年に刊行された村上健司の『妖怪事典』では、天狗の項でこうした来歴を一通り指摘した上で、江戸時代のころから、赤い鼻高天狗を首領として、鳥の姿をした天狗はその手下としてあつかわれるようになったことが指摘されている。

同書では、烏天狗について項も設けられている。「烏天狗は鳶のような顔と姿をした半人半鳥の天狗」と紹介したうえで、「現代では赤面鼻高（の天狗）を大天狗として、その配下に烏天狗がいるというような主従関係を認める風がある」と書いている。もっとも、「配下」ではあっても、怪異としての"神通力"は立派なもので、烏天狗が一瞬にして山頂から家の裏庭まで子供を運んだという話が紹介されている。

さすがは日本を代表する怪異といったところだろうか。『妖怪事典』では、天狗にまつわる次のような"怪異現象"が紹介されている。

天狗隠し　　：いわゆる神隠しの類
天狗倒し　　：山中で聞こえる樹木の伐採音。実際には何も起きていない
天クヅシ　　：天狗倒しと同様の現象
天狗礫　　　：山中で突然小石や砂が降ってくる
天狗ナメシ：天狗倒しと同様の現象
天狗の火事知らせ　：火事が発生する前に天狗が知らせるというもの

天狗の太鼓 ：山中から太鼓の音が聞こえる

天狗の能 　：どこからか鼓笛の音が聞こえてくる

天狗囃子 　：離れた隣村にのみ囃子の音が聞こえる

天狗火 　　：山から現れた怪しい炎が、数百にも分かれて飛行する

天狗揺すり：山小屋が夜になると揺すぶられる

天狗笑い 　：山中でものすごい笑い声が聞こえる

＊いずれも抜粋説明。より詳しく知りたい方は、『妖怪事典』をご覧いただきたい。

　さて、本書では怪異と古生物の関わりを推理してきた。こうして見ると、世にいう天狗は、赤い鼻高の天狗であるにしろ、烏天狗であるにしろ、その来歴は明確であるように見える。また、ここに挙げた天狗にまつわる怪異現象に関しても、古生物学によってそれを紐解くのはなかなか難しいといえそうだ。

　では、本章の「的」は何なのか？

　前置きが長くなった。本章では、ある意味で天狗存在の"物証"ともいえる二つの記録の解析を行ってみたい。一つは、「天狗の髑髏」。もう一つは、「天狗の爪」である。

平賀源内、天狗を語る

　江戸時代の"発明家"として知られる人物に、平賀源内※がいる。平賀は本名を白石国倫とし、徳川吉宗・家重・家治将軍の時代、すなわち江戸中期にあたる18世紀に活躍した本草学者（薬学者）であり、戯作者（小説家）でもある。いわゆる「エレキテル」を製作したことで知られるほか、日本初の物産館を開くなど、多岐にわたる業績で今日にその名が残る。

1770年、平賀は、風来山人のペンネームで『天狗髑髏鑑定縁起』を発表した。そのままずばり、天狗の髑髏（頭骨）に関する話である。物語は、大場豊水なる人物が一つの異物を平賀源内のところに持ち込むところからはじまる。ここでは、1961年に岩波書店から出版された『風来山人集』に収録されている『天狗髑髏鑑定縁起』* から、その場面を引用してみよう（なお、オリジナルの『風来山人集』は、1774年刊行）。

　── （前略）芝の愛宕に詣けり。門前櫻川と号する小流の中に怪しきものあり。拾い上げて泥土の汚れを洗いされ ばしかじかの物なり」とて筐を開き取り出し、「けふ此 品を得て歸るさの道にて、見るもの皆天狗の髑髏なり と市をなせども、固俗人の臆見、證とするに足らず。希ば先生眞偽を弁ぜよ」と。──

　現代から考えると、いささか読みにくいかもしれないけれども、1961年刊行の『風来山人集』では、中村幸彦による注釈も加えられている。その注釈を参考にまとめると、ここでいう「愛宕山」* とは現在の東京都港区にある丘陵のことであるという。そこで大場が何かの頭骨を見つける。すると周囲の人々はそれを「天狗の髑髏」として集まってきた。しかし、大場はそうした俗人の意見はとるに当たらないとし、平賀に鑑定してもらおうと持ち込んだのである。

　『天狗髑髏鑑定縁起』では、その冒頭に「天狗髑髏図」が描かれている。それはむかって右に膨らみがあり、左に向かって嘴と思われる部分がのびた図で、「頭大六寸余、觜七寸、目のをく成穴一寸五分位、耳の穴二寸牙五分位、のどのおくの穴二ツ、都一尺二寸余」との寸法データが記してある。現代風に読み替えれば、「頭の部分は18cm強、クチバシの部分は21cm強、目の奥にある穴は4.5cmほど、

※『天狗髑髏鑑定縁起』
国会図書館にオリジナルが保管されています。スキャンされているデジタル版をインターネットで読むことができます。

※愛宕山
標高25.7m。東京23区内で一番高い「天然の山」です。

耳の穴は6cmほど、牙は1.5cmほど。のどの奥に穴が二つある。標本長は36cm強」といったところだろうか。

物語では、平賀のところには二人の門人（弟子）がおり、まずは彼らがこの「天狗の髑髏」の正体を探る。

—— **一人が曰、「これ大鳥の頭なり。阿蘭陀のぼうごる・すとろいすならん」と。また一人曰、「蛮夷の大鳥たりとも斯まで大には有べからず。これ大魚の頭骨ならん」と。**
——

中村の注釈によると、一人が言及した「ぼうごる・すとろいす」とは、オランダ語の「ストゥルイス・ボーゲル（*Struis Vogel*）」のことで、これは「ダチョウ（*Struthio camelus*）」のことであるという。もう一人は、いかにダチョウといえども頭骨がここまで大きくはない※だろうとして、大きなサカナの頭骨ではないか、と論じた。つまり、二人とも「天狗の髑髏」であることを否定している。

それにもかかわらず、平賀が次のように断ずるのだ。

—— **予曰、「これ天狗のしゃれかうべなり。」** ——

この言葉に門人は驚く。前項までに述べたように、天狗は"つくられた怪異"であり、当時すでに、知識層ではそのことを指摘する者がいたようだ。この門人はまさにそうした知識層に位置付けられているとみられる。門人の一人が、世間一般で流布している天狗像をツラツラと挙げたのちに、「これ皆画工の思ひ付」（画家の思いつき）と断言して、「実際にその頭骨があるとは思えない」と門人は平賀に反論する。

※ダチョウといえども頭骨がここまで大きくはない

個体にもよりますが、ダチョウの頭骨は標本長は20cmほどでしょうか。

天狗髑髏図
『天狗髑髏鑑定縁起』に掲載されている天狗髑髏の図です。部位の縮尺も書かれています。これを見た大阪市立自然史博物館の田中嘉寛氏は「学術論文の記載のようだ」と話しています。

（所蔵・画像提供：国会図書館）

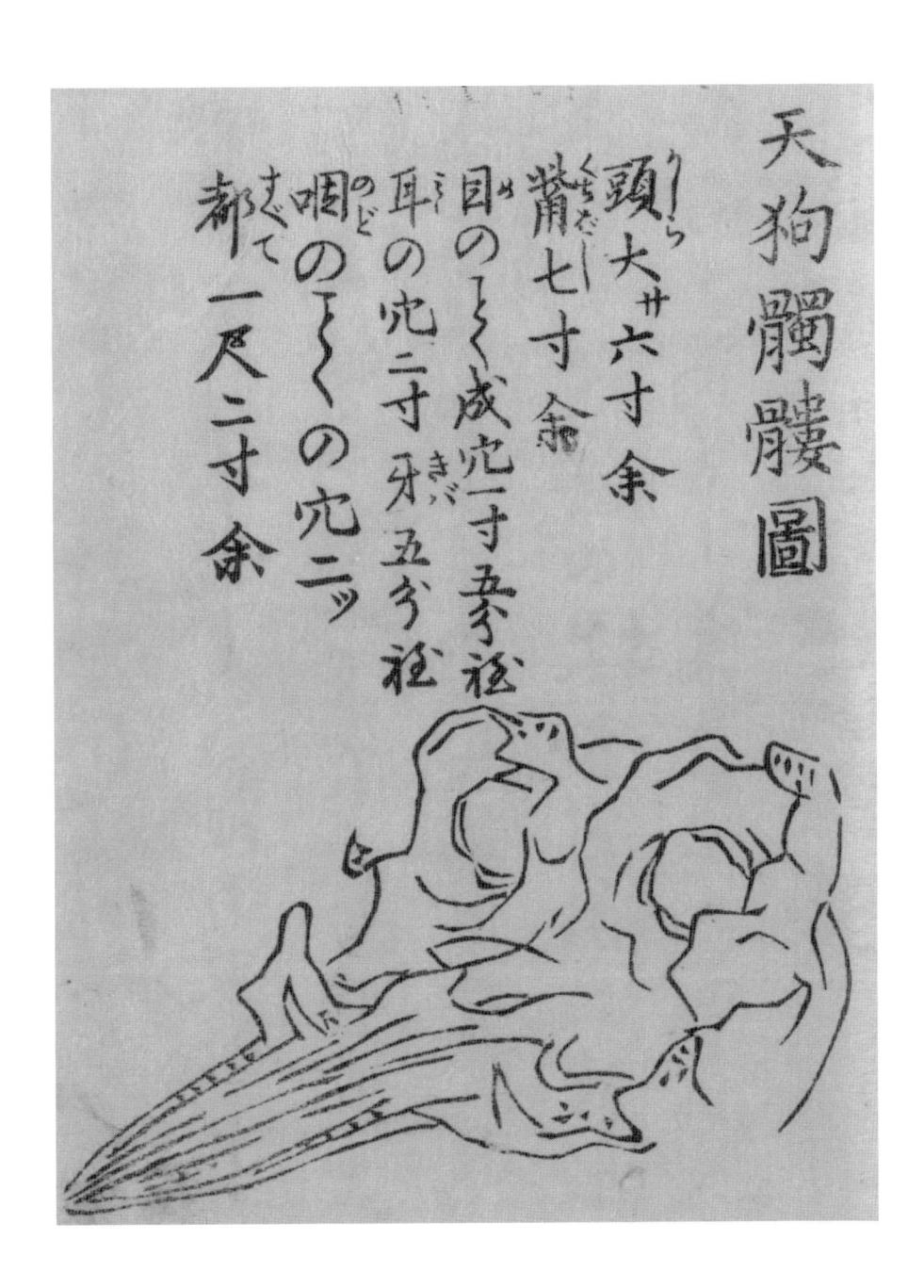

天狗髑髏圖

頭（くら）大サ六寸余

觜（くちばし）七寸余

目のごとく成穴一寸五分ほど

耳の穴二寸　牙（きば）五分ほど

咽（のど）のごとくの穴二ツ

都（すべ）て一尺二寸余

しかし、平賀はその意見に対して「よくよく考えよ」という趣旨で長々と説教をしたのちに、門人の再反論を封じるかのように、次のように続けている。

——（前略）若又天狗が何故死んだと根問する人の有ならばあまり高慢過て、科なき者を悪くいふたり、人を食たり抓んだりがかうじた故、天狗の親玉太郎坊殿怒をなし、木の葉天狗を引とらへて首ねぢ切捨たるを、豊水が見つけて拾ひ上物ならん（後略）——

当時、天狗は不死の存在と考えられていたようだ。平賀は、（訊かれてもいないのに）その点にあえて言及して、「その不死の存在である天狗の髑髏がどうしてここにあるのかと問うのであれば、悪さがすぎた木の葉天狗を、天狗の親玉が捕らえて首をねじ切ったのだのだ」とかなり物騒な指摘をしている。なお、ここでいう「天狗の親玉」は注釈によれば、鞍馬天狗、すなわち赤面鼻高の天狗を指すという。また、「木の葉天狗」は『妖怪事典』によれば、地位の低い猛禽類のような姿をしているとあるから、これは烏天狗のことだろう。つまり、平賀は、この頭骨を烏天狗のものである、と同定したのである。

　もっとも、これをもって、平賀が天狗の存在を信じていたと断ずることはできない。なにしろ、この『天狗髑髏鑑定縁起』自体が、平賀がペンネームで書いた“小説”である。筆者には、平賀が「天狗の髑髏」という話題を見事に茶化しているように見える。

天狗髑髏の正体

「平賀源内の天狗髑髏図は、実はクジラの頭骨を描いたものではないか」という指摘は、複数の書籍でなされている。

大阪市立自然史博物館でクジラなどの化石を研究している田中嘉寛は、筆者の取材に対して「どのように見ても、この図はイルカの頭にしか見えない」と指摘する。ちなみに、いわゆるイルカは「小型のハクジラ」である。

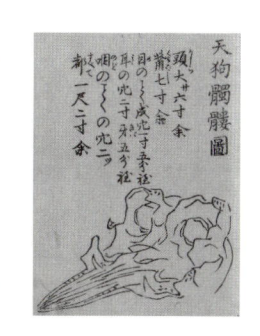

改めて、天狗髑髏図を見てみよう。

この図は左に向かって、クチバシがあり、その付け根の左右に上に向かって伸びる牙が確認できる。その後では骨の左右幅が広がって、奥には左右二つの丸い穴がある。文字によるサイズの記録は次の通りだ。

頭大六寸余（18cm強）　※（ ）内は現在の単位系に換算したもの。

觜七寸余（21cm強）

目のをく成穴一寸五分位（4.5cmほど）

耳の穴二寸牙五分位（耳の穴は6cm、牙は1.5cmほど）

咽のおくの穴二ツ

都一尺二寸余（36cm強）

まず大前提として、天狗髑髏図はイルカの上顎骨を上下反転して描かれたものであると田中は指摘する。すなわち、上顎骨の底を私たちはこの図で見ているわけだ。「クチバシ」と見られる部分はイルカの細長い「吻部」であり、よく見ると天狗髑髏図ではクチバシ（吻部）の両脇に小さな点が並んでいる。田中は、この小さな点は歯槽（歯の抜けた跡）と分析する。

天狗髑髏図における目の穴、すなわち「眼窩」は、実際には「錐体窩」とみられるという。錐体窩は耳骨の入る穴だ。

錐体窩が天狗髑髏図の目であるのであれば、二寸（6cm）と書かれた耳の穴は側頭窓の外側の穴とみられるという。側頭窓は顎の筋肉を通すための大きな穴だ。

天狗髑髏図においてクチバシ（吻部）の付け根の両脇に

描かれた「牙」は、イルカの「涙頬骨」であるという。これは頭骨を構成する骨の一つで、歯ではない。

　二つあるという「咽の奥の穴」は、天狗髑髏図では明瞭に確認することはできないが、これは「鼻孔」である可能性が高いと田中は指摘する。わざわざ「二つ」と言及され、イルカの「咽」すなわち、頭骨を上下方向に貫通する穴といえば、それは鼻孔である可能性が高い。

　こうして見ると、天狗髑髏図の天狗の頭骨は、イルカであることには間違いなさそうだ。

　では、イルカの中で、どのような種類なのだろうか？

　一口に「イルカ」とはいっても、「マイルカの仲間」「ネズミイルカの仲間」「ガンジスカワイルカの仲間」などの複数のグループが存在する。

　天狗髑髏図の天狗の頭骨は、その形状から推測する限り、イルカの中でも「マイルカの仲間」、もしくは「ネズミイルカの仲間」の可能性が高いという。マイルカは、一般に私たちが「イルカ」と聞いて思い浮かべる種類のことで、水族館でおなじみの「ハンドウイルカ（バンドウイルカとも *Tursiops truncatus*）」に代表されるグループだ。吻部が長いことを特徴とする。一方のネズミイルカの仲間は、「スナメリ（*Neophocaena phocaenoides*）」や「イシイルカ（*Phocoenoides dalli*）」に代表される。このグループは全体的に小型の種類が多い。

　田中によると、天狗髑髏図のクチバシ（吻部）に描かれている小さな穴（歯槽）の描写が正しいと仮定すれば、その大きさから見てマイルカの仲間、それもハンドウイルカの可能性が高いという。もっとも、先に指摘したように「眼窩と耳の穴が貫通して直接つながっている点を見落としている」ほどなので、この歯槽の描写に省略や誇張が加わっ

ハンドウイルカ

「バンドウイルカ」とも呼ばれるイルカ。水族館のイルカショーでおなじみのイルカです。逆さに描かれている理由については本文参照。

ONE POINT COLUMN

イルカ化石の研究者から見た平賀源内の天狗髑髏

　私は、イルカを含む水棲哺乳類の骨ばかり見て、観察して、研究してきました。そんな私に突然、本書の著者・土屋健氏から、「平賀源内の天狗髑髏を見て何が読み取れるか知らせて欲しい」と変わった依頼が来ました。平賀源内は、天狗であると主張しましたが、この絵を見て、私は、すぐにイルカの頭蓋骨だと思いました。細かい特徴については本文に書かれているので、ここでは、水棲哺乳類研究者から見た「平賀源内の天狗髑髏」をご紹介します。

　絵からはイルカの頭の特徴が読み取れ、よく見ると歯が抜け落ちた歯槽も描かれています。「平賀源内は実物を見ながら描いたのだろう」と推測できます。筆と墨だけでよくこれだけ表現できるものだと感心します。

　次に、絵を見ながら、頭の中で立体として組み立て直します。絵だけでは立体にできないので、これまで観察してきたイルカの形を思い出します。この作業は結構楽しいです。立体にしながら細かく見ていくと、矛盾に気がつきます。絵の中央を左右に横切る一本の線は、イルカの骨にはないので、描きながら迷

いや筆のスベリがあったかもしれませんし、写本した時のミスかもしれません。私自身、構造をよく理解していない部分は、上手くスケッチできなかった経験があります。

　天狗髑髏の絵は2枚あることが重要です。この2枚が平賀源内の絵の「ゆらぎ」示しているからです。2枚はほぼ同じ角度から描かれています。クチバシの形は一方では緩くカーブしていますが、もう一方は直線的です。同じモノを描いたなら、同じアウトラインになるはずです。現代では論文に写真をつけます。写真もレンズによる歪みがあるため必ずしも正確に形を表しませんが、同じ条件で2回撮影したら同じ結果が得られ、平賀源内の絵よりも「正確」です。天狗髑髏の実物は残っていないようですが、写真や正確な図があったら、種類について、細かい議論ができたのではないかと思います。

　しかし、2枚の絵から色々と考えさせてくれる天狗髑髏は娯楽性があります。「これ天狗、どこが目？」とか「実はイルカ」と話してみたくなるので、小説として執筆した平賀源内の思うツボに、私はしっかりはまっています。

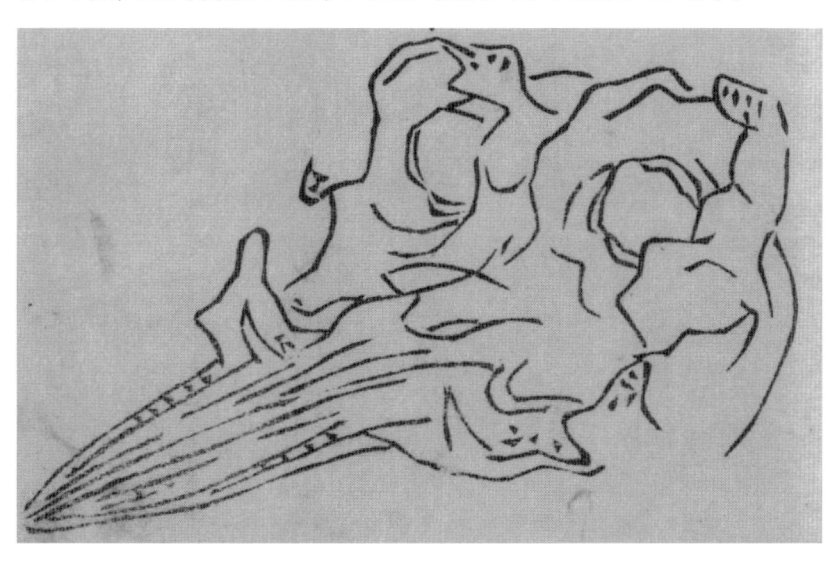

イシイルカと烏天狗

写真の骨格は、イシイルカの上顎骨です。逆さに置いた画像（上段右と中段）と正位置の画像（下段）。イラストはイシイルカの上顎骨と角度をそろえて、久正人氏に描いてもらいました。どうしょう？　こうして見ると、確かに烏天狗に見えませんか?。

（Photo：安友康博／オフィス ジオパレオント）

ていれば、ハンドウイルカと特定し得る条件とはいえない。田中は「ハンドウイルカと仮定すると、クチバシが少し短いかもしれない」とも指摘している。

182ページには、イシイルカ（ネズミイルカの仲間）の上顎骨標本を逆さに置いて撮影した画像を掲載した。

いかがだろう？　まさに烏天狗の頭骨と見ることができるのではないだろうか。

ネズミイルカの仲間はマイルカの仲間と比べると沿岸部に生息することを特徴とする。したがって、その頭骨が東京湾から遡った"門前櫻川"で見つかることもあるかもしれない。何らかの理由で迷い込んだネズミイルカの仲間が門前櫻川で死亡し、大場がその死骸の頭骨を拾った可能性もある。もっとも、マイルカの仲間が東京湾に迷い込むこともあるので、こちらが門前櫻川まで到着したとしても不思議はない。

こうしてみ見と、「マイルカの仲間」もしくは「ネズミイルカの仲間」のどちらの可能性もありそうだ。それ以上の分析は「この図で読み解くことは難しい」と田中はいう。

問題は、少なくとも江戸中期における"現生種"の頭骨を描いたものなのか、それとも、化石種の頭骨化石を描いたものなのか、という点である。

筆者はここで、平賀（作中ではその弟子）がダチョウとサカナの頭に言及しつつも、イルカに一切触れていないことに着目したい。

すなわち、平賀は「イルカの頭骨を知らなかった」のではないだろうか。さらにいえば「イルカを知らなかった」のではないだろうか。仮に、現在の東京湾でも比較的見ることのできるスナメリを江戸中期に見ることができたとしても、スナメリの吻部はほとんど突出しておらず、スナメ

リの頭部と天狗髑髏を関連づけるのは難しい。

　知らないからこそ、推理を働かせ、自分の知る怪異と結びつける。これは、本書で紹介している他の多くの怪異と通ずる点だ。こうした事態は、現生種の骨よりも、化石の方が発生しやすい。すなわち、イルカを知らず、その頭骨化石を見つけて、それをもとに天狗髑髏を論じていたのではないだろうか。

江戸（東京）近辺で、イルカの頭骨化石が見つかる可能性は？

　仮に天狗髑髏がイルカの化石だったとして、江戸、すなわち東京近辺でイルカの化石が見つかる可能性はどれほどのものだろうか？

　まず、残念ながら『天狗髑髏鑑定縁起』で言及されている愛宕（東京都港区）はもとより、都内全域において、これまでにイルカの化石の報告はない。もしも『天狗髑髏鑑定縁起』の天狗髑髏が化石だとしたら、その標本が残っていないことが残念である。天狗髑髏図のように上顎骨のほぼ全体がそろった標本だとしたら、それはとても貴重で重要なものとなったのにちがいないのだが……。

　範囲を南関東全域まで広げると、東京都港区より東京湾を挟んで南東対岸の山中にあたる千葉県君津市市宿から、2012年に群馬県立自然史博物館の木村敏之たちによってイルカの化石が報告されている。この報告によると、その化石はハンドウイルカ属の一種の下顎骨であるという。種の同定にまではいたっていない。前項で田中が「可能性が高い」と指摘したハンドウイルカの少なくとも近縁種であるわけだ。現在のハンドウイルカは沖合いを中心に生息しているけれども、少なくともその近縁種は、かつて君津市市

宿が水没していた時代にはその海域に生息していたことになる。この化石が見つかった地層の年代は、今から80万年前から60万年前とされる。地質時代名でいえば、新生代第四紀更新世中期となる。また、他にも神奈川県川崎市を流れる多摩川から、イルカの化石報告がいくつかあるようだ。

日本全体まで範囲を広げれば、他にも多くのイルカの化石が見つかっている。その中の一つは、北海道北西部の雨竜町から見つかったマイルカの仲間のもので、早稲田大学（現・秀明大学）の村上瑞季たちによって、「エオデルフィヌス・カバテンシス（*Eodelphinus kabatensis*）」と命名されている。この化石は吻部を欠いた上顎骨で、今から1300万年前から850万年前のものとされている。地質時代名でいえば、新生代新第三紀中新世中期もしくは後期となる。マイルカの仲間の化石としては、世界で最も古いものの一つだ。

マイルカの仲間ばかりではなく、ネズミイルカの仲間の化石も少なくない。また、化石の産出地も北海道から福岡県まで幅広い。それらの化石は、いずれもエオデルフィヌスの化石よりも新しいものだ。

こうした状況を鑑みると、東京都港区近辺に新第三紀中新世中期以降の海でできた地層があれば、マイルカの仲間、もしくは、ネズミイルカの化石が見つかっても不思議ではない。

ここで役に立つのが地質図である。足元の地面がいったいいつの時代にどのような場所でつくられたものなのかを示す地図だ。かつては、地質図を入手するにはそれなりの手順を踏む必要があったが、今日では産業技術総合研究所によってweb上で「地質図Navi」なるオンライン地質図を公開されており、任意の地点の５万分の１地質図を誰も

が無料で見ることができる。

　地質図Naviを使って港区近辺を調べると、この地域には第四紀（約258万年前〜現在）の海でつくられた地層が広く分布している。すなわち、マイルカの仲間、もしくは、ネズミイルカの化石が見つかる可能性はある。

　もっとも、悩ましいのは『天狗髑髏鑑定縁起』の「拾い上げて泥土の汚れを洗いさればしかじかの物なり」という記述である。地層中の化石を見つける描写に「泥土の汚れ」という文言を選ぶものなのだろうか……。

　天狗髑髏図の記述は詳細なもので、これは現物を見て描かれたものであることはまず間違いないだろう。そう考えると、現生種のものにしろ、化石種のものにしろ、現物が保存されていないことは重ねて残念である。

記録された「天狗の爪」

　平賀源内と同時代にあたる江戸中期に活躍した人物に木内石亭がいる。本名は、拾井重暁。近江（滋賀県）出身の博物家で、全国を旅して奇石や珍石を収集した。その著書である『雲根志』 * は、日本における鉱物学・古生物学・考古学上の先駆的な業績と位置付けられている。

　『雲根志』は「前編」「後編」「三編」の三部作で、前編は計5巻、後編は計4巻、三編は計5巻で構成されている。各巻は23〜88の項からなり、各項で一つずつ奇石・珍石が紹介されている。各編の序文によると、前編と後編は1773年に、三編は1801年に刊行された。

　なにしろ奇石・珍石の記録である。その中には、今日の私たちが見れば、化石と思われる記録は少なくない。例えば、後編巻之三項五ではアンモナイトの化石とみられるも

※『雲根志』
国会図書館にオリジナルが保管されています。スキャンされているデジタル版をインターネットで読むことができます。

のが「石蛇」として紹介されている。本書としては余談になるが、アンモナイトの化石はヨーロッパにおいても「蛇の化石」とみられたことがあり、洋の東西で共通した認識は興味深い。

さて、天狗である。

アンモナイトを「石蛇」として紹介している後編巻之三には「像形類」と分類された石が88項目に渡って掲載されている。この中の項32に「天狗爪石」が登場する。ここでは、横江孚彦によって訳された『口語訳 雲根志』から該当部分の記述を引用してみよう。

―― 世間一般に「天狗の爪石」と言われるものは、爪の如き形をし、一～二寸（3～6㎝）の長さで先の方は尖って、根元には肉のようなものが付いてその両端はギザギザでノコギリ歯のような爪そのもののようで、紫がかった黒色をしています。

ひどい雷雨や雷が落ちた後、あるいは古い屋敷を葺き替える時にでくわすこともあり、更に大きな石を打ち破ると出て来ることもあります。大木を切ると木にささっているのを見る事ができる場合もあります。

能登国（石川県能登地方）七尾地方の周辺でも稀に採取でき、更には佐渡国あるいは越後国（新潟県）に出ることもあります。――

こうして書きはじめたのち、木内は「山亀の爪」や「ワニやサメの歯」などに「天狗の爪石」の正体を求めていくが、いずれも「疑問を感じる」「説得させるには弱い」などの理由でそれを否定する。そして、次のように続ける。

―― 私は長さ三寸（9㎝）巾三寸の「天狗爪石」なるものを所蔵していますが、能登国七尾の産で石の中から採取したものだと言います。また伊勢、柳谷の介石山の

> 山中にある石の中から二〜三寸程度の大きな天狗爪石なるもの並びに、能登国、越後国の産など私は二〇数枚程度を蒐集し現在、所蔵しています。——

　「天狗の爪」といいながらも、木内は天狗には一切言及していない。あくまでも、他のものに正体を求めている。『雲根石』の三編巻之六にも「天狗爪石」が再び登場し、木内はその検証を続けている。しかしこちらでは、冒頭からお手上げ感がある。

> ——（前略）その採取出来る場所も明確に特定することが出来ず、その性質等についても、どの様に理解すべきか、今の処、全く考えが及ばないのが実状です。ただ、能登や佐渡地方に多いことは確かです。——

　そして、能登七尾の一元氏から、「大きな石を割ると得ることができる」「山中の土砂の中から拾うことができる」「大木の切り枝の端っこに突き刺さっている」「古い屋敷を葺き替える時その屋根の下に刺さっている」などの"産状"を聞いたとしている。

　その一方で、木内自身は、伊勢で「大石を打ち砕いたところ」天狗の爪石を得たとしている。また、金沢在住の奇石蒐集を趣味とする住職の話として「ある人が数時間で三升余りも拾い集めてきたが、それはみな、二〜三分（6〜9mm）だった」と記している。また、能登島（石川県）の人物の話として、「長さ一尺一寸七分（約35cm）巾七寸五分（約22cm）厚さ二寸六〜七分（約8cm）」の「天狗の爪石」が、玄関の門柱から見つかった話を紹介している。

「天狗の爪」の正体

　実は"オリジナル"の『雲根志』には、「天狗の爪石」

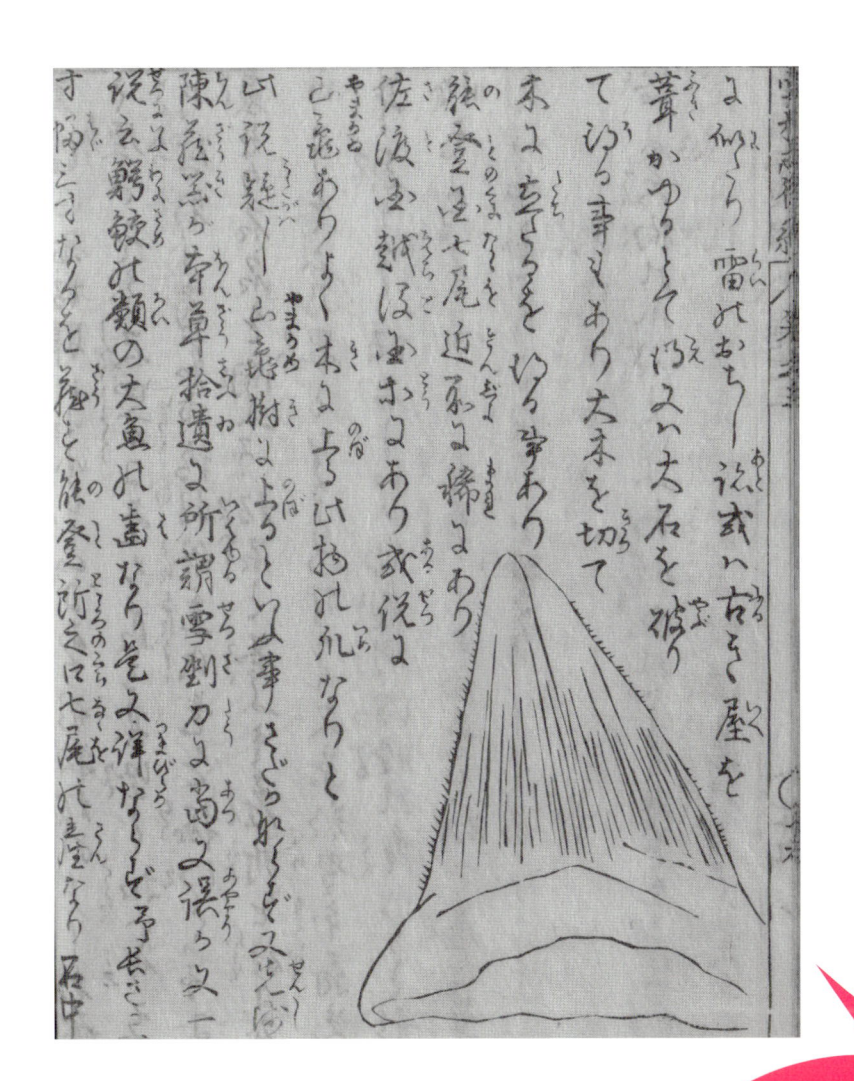

のイラストが挿入されている。後編巻之三項三二に
あるイラストを見ると、それは明らかに「サメの歯」
である。

　いわゆる「サメの歯」には、サメの種類によっ
てさまざまな形がある。たとえば、アオザメの
仲間（*Isurus*）の歯は歯根が逆Ｖ字型で、歯冠は

雲根志
『雲根志』に掲載された
「天狗の爪石」のイラス
ト。化石にちょっと詳し
い人が見れば、「あっ、
これは！」と思われるの
ではないでしょうか。

（所蔵・画像提供：国会図書館）

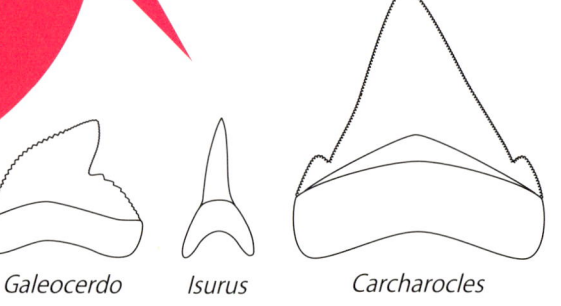

Galeocerdo　　*Isurus*　　*Carcharocles*　　*Cretolamna*

すっと細長い。イタチザメの仲間（*Galeocerdo*）の歯冠は左右にニワトリのトサカのような形状で深い切れ込みがあり、縁辺部にはギザギザのノコギリ状構造が発達している。化石種であれば、クレトナムナ（*Cretonamna*）の歯は幅の広い歯根の上に三つの山状の歯冠があり、このうち左右の歯冠は小さく、中央の歯冠が反り返りながらやや発達している、といった具合である。

　『雲根志』に描かれた「天狗の爪石」はこれらのいずれのものとも異なる。『口語訳 雲根志』から木内の描写を再確認してみよう。

── 世間一般に「**天狗の爪石**」と**言われる**ものは、**爪の如き形**をし、**一〜二寸**（3〜6cm）の**長さで先の方は尖って**、**根元**には**肉のようなものが付いて**その**両端**はギザギザでノコギリ**歯のような爪**そのもののようで、**紫**がかった**黒色**をしています。──

　「爪の如き」と形容され、根元に向かって二等辺三角形の形状をとるイラストは、サメの現生種でいうならば、ホホジロザメ（*Carcharodon carcharias*）のものが最も近い。これは、3〜6cmという大きさとも合致する。「肉のようなものが付いて」とされる根元は歯根のことだろう。ここは「肉のようなもの」という表現が的確かどうかは別とし

て、多くのサメの歯の歯根は、歯冠部分とは異なってエナメル質に覆われておらず、ざらざら（ごつごつ？）している。「両端はギザギザでノコギリ歯のような」とは、これも多くのサメの歯が持つ構造で、もちろんホホジロザメのそれにもある。専門的には「鋸歯」と呼ばれるつくりであり、これがあると肉を切り裂くことに便利とされる。

鋸歯の効果を確認したければ、バターナイフ（"鋸歯なし"）とステーキナイフ（"鋸歯あり"）で、実際に肉を切って比較してみると良い。鋸歯のありがたみを実感できるはずである。

さて、こうしてここまでの記述とイラストを見ると「天狗の爪石」の正体は、ホホジロザメの歯のように見える。

ホホジロザメは全長4.8mから6mほどのサメで、「人食いザメ」の代表としてよく知られる。一般的に大きな獲物を好み、マグロやエイ、アザラシやアシカ、イルカなども狙われる。そして、亜熱帯から寒帯の海を好む……つまり、とても広い海域に生息し、日本近海でも北から南まで分布している。

ただし、である。現生ホホジロザメの歯の色は、綺麗な「白」だ。これは『雲根志』の「紫がかった黒色」という記述とは一致しない。

では、この「色」は何を意味するのか？

「紫がかった黒色」という描写は、「天狗の爪石」の正体が「化石」であることを示唆している。実際、化石として見つかるホホジロザメの歯の色は、ときに茶色となり、ときに「紫がかった黒色」となる。

「天狗の爪石」は「サメの歯の化石」なのだろうか。

もっとも、『雲根志』にある「天狗の爪石」を「化石」として考えると、その"産出場所"は、いささか首をかし

げる記述も多い。「ひどい雷雨や雷が落ちた後」は特定の場所を指しているものではないので無視するとしても、「古い屋敷を葺き替える時」「大木を切ると木にささっている」というのは、化石の産出場所としてはありえない。

　江戸時代のさまざまな怪異をまとめた『江戸幻獣博物誌』（著：伊藤龍平）には、この産出場所に関する考察がまとめられている。これによると、「家屋から見つかる例」に関しては、石や砂を家に投げかける、その名も「天狗礫」なる伝承があり、これに類するものであるという。また、「樹木から見つかる例」に関しては、「天狗」というイメージから生じた新たな伝承であるとしている。

　なお、同書では江戸時代（1818年）に刊行された『天狗爪石攷』が紹介され、その著者である本草学者の栗本瑞見および、当時の西洋人は、天狗爪石はサメの歯（の化石）であることに気づいていたと指摘している。また、1950年に刊行された『蘭学のころ』（著：緒方富雄）では、江戸後期に来日したフィリップ・フランツ・フォン・シーボルト*の門人だった高良斎が「未知の動物の爪」として、シーボルトに天狗の爪石を報告していたことが紹介されている。江戸の世であっても、その正体に気づく人は気づいていたようだ。

　さて、産状についての話の戻ろう。化石として考えると、「大きな石を打ち破る」という産状の記述は妥当である。化石は岩石の中に入っている*ものだからだ。実際、ホホジロザメの化石は、世界では古くは600万年以上前のものが見つかっており、日本でも報告例はある。すなわち、「天狗の爪石は、ホホジロザメの化石である」としても、なんら問題はないように思える。

　しかし、である。『雲根志』にある描写は、必ずしもホ

※フィリップ・フランツ・フォン・シーボルト
オランダ軍の軍医として、1823年から長崎のいわゆる「出島」に駐留しました。西洋医学を日本にもたらしたとされる一方で、日本に関するさまざまな情報を集めすぎたことが原因で1829年に国外追放処分となりました。

※化石は岩石の中に入っている
地層中にそのまま保存されているものもありますが、「ノジュール」あるいは「コンクリーション」と呼ばれる岩塊に入っていることが多いといえます。野外で化石を探すときは、このノジュール（コンクリーション）を目印にします。

ホジロザメを指しているものではない。木内自身のコレクションとして、こんな記述があったことを思い出して欲しい。『口語訳 雲根志』から再び引用してみよう。

—— **私は長さ三寸（9㎝）巾三寸の「天狗爪石」なるものを所蔵していますが、能登国七尾の産で石の中から採取したものだと言います。（後略）** ——

　長さ、幅（巾）ともに9㎝である。こうなると、いかに大型のサメであるホホジロザメの歯といえどもちょっと大きすぎだ。

　こうなると、候補はまた別のサメとなる。

　それが「メガロドン」だ。実は、本項の冒頭で「それは明らかにサメの歯である」と断言したのは、このメガロドンの歯のイメージが筆者の脳内にあったからに他ならない。おそらく古生物に関わる多くの人が、『雲根

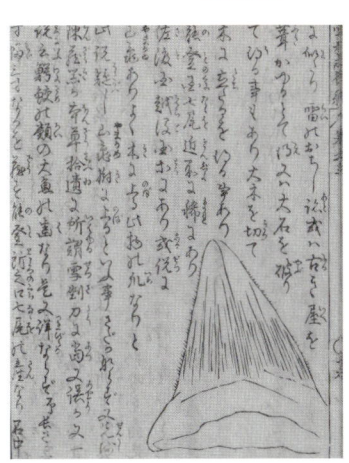

メガロドンの歯化石

メガロドンの歯化石を雲根志のイラストと並べてみました。一目見てその類似性ががわかるでしょう。このメガロドンの歯化石は、高さ14㎝ほど。アメリカ産の標本ですが、日本でも同様のものは各地で見つかっています。

(Photo：『雲根志』：国立国会図書館、メガロドン：オフィス ジオパレオント)

志』のイラストを見れば、その瞬間に「これはメガロドンの歯ではないか」と推測するほど、イラストはメガロドンである。

メガロドンは「通称」で、その種名は「カルカロドン・メガロドン（*Carcharodon megalodon*）」、もしくは「カルカロクレス・メガロドン（*Carcharocles megarodon*）」、あるいは「オトダス・メガセラクス・メガロドン（*Otodus (Megaselachus) megarodon*）」とされる。「カルカロドン」は「ホホジロザメの仲間である」（同属である）ことを示唆し、「カルカロクレス」と「オトダス」は「ホホジオロザメの仲間ではない」（同属ではない）ことを示唆する。この二つの属は絶滅属だ。分類については決着はついておらず、学術的に種名は定まっていない。故にこのサメのことは「メガロドン」という通称が慣例的に用いられている。ちなみに「*Megalodon*」と書いた場合は、それは絶滅したある二枚貝を指すことになる。

メガロドンは、新生代新第三紀（約2300万年前から約258万年前）の海で大いに繁栄したサメで、その全長はホホジロザメの2倍とも3倍ともいわれている。彼らの化石は基本的には歯しか残っておらず、全長の推測値にはいささか幅があり、約11mとも約16mとも約20mともされる。まあ、ともかく、ホホジロザメが可愛らしく見えるほどの、巨大なサメだったようだ。

しかも恐ろしく"強い"。2008年に、オーストラリア、ニューサウスウェールズ大学のS・ローたちが発表した研究によると、その噛む力は最大でホホジロザメの約6倍に達したという。大抵の獲物はさっくりといけたことだろう。実際のところ、当時のヒゲクジラや鰭脚類の化石には、メガロドンに襲われた証拠と見られるその歯型が確認されて

メガロドン
メガロドンの復元イラスト。巨大ザメの代名詞。全長は11mとも20mともいわれていますが、化石は歯だけしか見つかっていないので、正確な大きさは不明です。

いる。

　しかし、そんな強者も時代の移り変わりには勝てなかったらしく、スイス、チューリッヒ大学のカタリナ・ピミエントたちが2014年に発表した研究によれば、今から約260万年前に姿を消したとされている。ピミエントたちは、その後の研究でおそらく主たる獲物であっ

た大型ヒゲクジラ類が減少したこと、競争者としてのハクジラ類やホホジロザメが台頭したことを理由に挙げる。ただし、当時はメガロドンだけでなく、他の大型（メガロドンほどではない）のサメ類も滅んでおり、絶滅の原因については、なお謎が多い。

　メガロドンの化石は、世界各地、日本全国から産する。これもまた、このサメの繁栄を物語るものだ。世界的に有名な産地としてはアメリカのサウス・カロライナ州やノースカロライナ州を挙げることができる。日本でも"有名どころ"としては、埼玉県や群馬県、茨城県、宮城県、岐阜県などを挙げることができる。とくに埼玉では、1個体としては最多となる「歯群」の化石が見つかっている（この化石は、埼玉県自然の博物館で見ることが可能だ）。"有名どころ"ではないけれども、木内のコレクションの採取場所とされる能登国（つまり、石川県）も産地である。

　さて、もう少し『雲根志』の記述を解析してみよう。『雲根志』には、金沢在住の奇石蒐集を趣味とする住職の話として「ある人が数時間で三升余りも拾い集めてきたが、それはみな、二〜三分（6〜9mm）だった」という記述がある。

　これだけ小さなものとなると、メガロドンの歯でもなく、ホホジロザメの歯でもあるまい。

　加賀百万石の城下町、北陸の古都として知られる城下町の金沢では、町を二つの大きな川が流れている。一つを浅野川といい、もう一つを犀川という。このうちの犀川の沿岸では、数種類のサメの歯の化石を採集することができる。状況さえ整えば、「数時間で三升余り」の採集も可能かもしれない。住職のいう「ある人」が集めてきた「二〜三分の天狗の爪石」とはこうしたものだろう。

　こうやって読み込むと、「天狗爪石」は全般的にはサメ

の歯の化石ではあるものの、特定の種を指したものではなさそうだ。最も大きなものはメガロドンのものであると見て間違いはないだろう。なにしろ前述したように、木内の残した天狗爪石の図は、見れば見るほどにメガロドンのそれに見えてくる。

やや中型のものは、ホホジロザメの歯化石である可能性が高い。あるいはメガロドンの歯の小さなものかもしれない。そして"升一杯"というレベルで集められるようなものは、その他のサメの歯化石といったところだろうか。

もっとも、『雲根志』の記述には大きな謎が残る。それは、三編巻之六に記された「巨大な天狗爪石」の記録である。『口語訳 雲根志』から引用しよう。これは越中国利波群城端村（富山県南砺波市）の殿村屋和助という人物が語った能登島の親戚の話であるという。

――（前略）その島で二日間も、家中が揺れ動いたという大地震があったようです。その地震がおさまり、外に出てみますと玄関の門柱に「天狗の爪石」が半分は柱の中に残り半分は柱から出ている格好でみつかったのです。こんな思いもかけない物を潰してしまうと不吉な事でも起きると困るので、知り合いの大工さんを呼んで上手に放してもらったのです。その大きさを測りますと長さ一尺一寸七分（約35cm）巾七寸五分（約22cm）厚さ二寸六～七分（約8cm）でありました。――

35cmである！

筆者が知る限り、20cmを超えたメガロドンの歯化石は、世界を見渡してもない（もしも、超えているとしたら、その歯を持つ個体の全長はどれほどだったのだろうか？）。1996年に刊行された『GREAT WHITE SHARKS』によると、既知のものの中で、最も大きなメガロドンの歯化石

は16.8cmとのことである。単位をそろえて書くとすれば、5寸5分といったところか。柱の中から出てきたという殿村屋の親戚のそれは、"公式記録"の2倍を超える大きさだったのだ。

『雲根志』によれば、殿村屋の親戚という人物はそれを家宝にしたとのことだ。もしも、本書を呼んでいるあなたがその子孫で、家宝として保存されているということであれば、本書と一緒に博物館か大学へとその標本をご持参いただきたい。もちろん、本書の版元である技術評論社の編集部経由で筆者にお問い合わせいただいても、信頼できるサメ化石の研究者を紹介することができるだろう。

ONE POINT COLUMN

監修者 妖怪古生物学者 荻野慎諧博士の ワンポイントコラム

天狗と分類

「天狗の爪と呼ばれていたものは、サメの歯の化石です」という話、こんにちでは正体がわかっていますが、当時から、似たようなものをまとめて分類する（＝名前をつける）ということは、非常に重要でした。たとえば読者の皆さんが、

「私の家で飼っている毛むくじゃらの動物が可愛くてね……」

という一文を読んで、イヌかネコあたりを想像するでしょうか。それぞれがちがう動物を思い浮かべているかもしれず、そうなると、話がかみ合わなくなります。

未確認生物に出会ったときに知りうる情報から種を同定し、分類する作業は、古い文献が書かれた当時であっても、現在わたしたちが行っている化石や現生生物の分類と変わりません。

その中で、いまでは妖怪などと呼ばれているもの、特に有名な天狗や河童は、現代の分類学でいう「ゴミ箱分類群（wastebasket taxon）」的な役割を担っていたようです。ゴミ箱分類群は、類縁関係が良くわからないものが放り込まれる枠です。たとえば恐竜だと大型の肉食恐竜（獣脚類）でよくわからないものは「カルノサウルス類」に放り込まれていました。哺乳類だと今では使われていない「食虫目」という分類群がありました。食虫目にはツパイやモグラ、ヒヨケザル、テンレックなどが入っていて、小型のよくわからない哺乳類がそこに放りこまれていました。それでも人々の間で存在を共有できることから、分類は意義のあったことです。

最近になると分類の枠はDNA解析でかなり正確にわかってきてはいますが、それでも時々見直しが起きています。DNAの使えない化石では、あたらしい分類の解釈がいつでも起こりえます。

かつての日本では、水辺の未確認生物を有名どころの「河童」や「水虎」と分類し、山里の未確認生物を、誰もが知っている「天狗」と分類することが多かったのでしょう。これらはいずれも実在する「生類」として扱われていました。このような分類の姿勢は科学の進展の中でなくてはならない所作であって、先人たちの成果があるからこそ、いま体系的に再検討できる状態になっているのです。

8章

やまたのおろち
八岐大蛇

「八岐大蛇」は、日本の怪異である。一つの胴体に八つの頭と八つの尾を持つ。八岐大蛇の話は『古事記』と『日本書紀』の双方に登場する。その存在は海外にも知られているようで、20世紀に活躍したアルゼンチンの詩人・小説家であるホルヘ・ルイス・ボルヘスの『幻獣辞典』の中にも、グリフォンやルフなどとともに「日本の天地開闢神話においてとくに名高い」として収録されている。本章では寺田寅彦も言及した「八岐大蛇＝火山現象」に注目し、その火山に迫る。

日本神話の中の怪異

八岐大蛇は、712年に編纂された『古事記』の上つ巻と、720年に完成した『日本書紀』に登場する怪異である。両書はともに、日本古代史や日本誕生の神話に関する重要な歴史書だ。しかも、八岐大蛇は日本の三種の神器※ である「草薙剣」とも大きく関わっている。

ここではより古い『古事記』の記述を、中村啓信によって翻訳された『新版 古事記』の現代語訳から引用してみよう。なお、『古事記』においては八岐大蛇は「八俣大蛇」と表記される。場面は、出雲国の肥河の上流に降り立った須佐之男命※ が、その上流で老翁と老女と少女が泣いている現場に遭遇し、泣いている理由を問いかけるところである。

—— **（前略）「おまえの泣き叫ぶわけは何か」とお尋ねになった。老翁は答え、「私の娘はもとは八人おりました。それがこの高志の八俣の大蛇が毎年やって来て食ってしまうのです。今、その大蛇がやって来る時期です。それで泣いています」と申した。さらにお問いになる。「その形はどんなか」と。答えて、「その目は赤カガチのようで、一つの胴体に八つの頭と八つの尾があります。またその体には日影蔓と檜・杉が生え、その長さは谷を八つ、峰を八つ渡るほどで、その腹を見れば、どこもかしこもいつも血が垂れ爛れています」と申した。（後略）** ——

原文に「赤カガチというのは、今の酸漿のことである」と注釈がある。

ここで須佐之男命は、少女を自分にくれないか、と持ちかけて、身分を明かす（須佐之男命といえば、かの天照大神の弟であり、有り体に書いてしまえば、かなり"神格"が高い）。須佐之男命の素性を知った老翁と老女（この二

※三種の神器

「八咫鏡」「草薙剣」「八尺瓊勾玉」を指します。なお、昭和においては「白黒テレビ」「洗濯機」「冷蔵庫」からはじまって「カラーテレビ」「クーラー」「自動車」、平成においては「デジタルカメラ」「DVDレコーダー」「薄型大型テレビ」を「新・三種の神器」と呼んでいましたが、近年は「ロボット掃除機」「全自動洗濯乾燥機」「食器洗い機」を指すようです。もちろん、本文は「八咫鏡」「草薙剣」「八尺瓊勾玉」のことです。

※須佐之男命

「素戔男尊」をはじめとしてさまざまな漢字で表記され、カタカナでも「スサノオ」「スサノヲ」などと表記されます。イザナギノミコトを父に、イザナミノミコトを母に持つ"由緒ただしき神"です。姉にアマテラスオオカミがいます。スサノオノミコトは粗暴だったと伝えられ、そのために、姉が天の岩屋に隠れてしまったという逸話があります。

人も神である）は即決して娘を須佐之男命に差し出すと、須佐之男命はその少女を瞬時に櫛に変えて、自分の髪にさし、八岐大蛇退治の策を老翁と老女に授けるのである。

——「おまえたちは、**幾度も繰り返し醸した濃い酒を造り、また垣を作り廻らし、その垣に八つの入り口を作り、入り口ごとに八つの仮設の棚を結びつけ、その棚毎に酒桶を置いて、桶毎にその繰り返し醸した強い酒を盛って待つように」**——

この策の通りに老翁と老女が用意していると、八岐大蛇がやってきて、八つの酒桶に八つの頭をそれぞれつっこんで、泥酔して、寝込む。そこにやってきた須佐之男命が大蛇をずだずだに斬りつける。その血によって、肥河は赤く染まったという。

ちなみに、このとき須佐之男命の剣が欠けるという事態が発生する。神の剣が刃こぼれしたのである。これは異常事態だ。そこで、その場所を調べてみると、大蛇の尾の部分には太刀があった。須佐之男命は、この太刀を姉である天照大神に献上した。これが「草薙の剣」である。

『日本書紀』における記述もほぼ同様だ。ただし、少しだけ描写が異なる。ここでは、宇治谷孟による『日本書紀（上）全現代語訳』を参考に比較してみよう。

まず、八岐大蛇（八俣の大蛇）の背に生えるのは、『古事記』では「日影蔓」と「檜・杉」であることに対し、『日本書紀』では「松や柏」とされる。また、別の書物の話であるとして、「かの大蛇は頭ごとに石松が生えており、両脇に山があり」と八岐大蛇の風体を語る。そして、草薙剣のもとの名前は「天の叢雲剣」であるといい、それは「大蛇のいる上に常に雲があったから」という。場面である肥川には「簸の川」という字が使われている。

寺田寅彦、八岐大蛇を語る

　本書のテーマは、怪異と古生物の間の関係性に迫ることだ。しかし怪異の中には、生物ではなく大規模な自然現象に由来するものも少なくない。例えば、「天狗の章」で紹介した"中国の天狗"がもともと雷鳴を起源とする怪異であることはその代表例だろう。

　八岐大蛇に関しては、地球科学的な現象との関連性がかねてより指摘されている。最初に指摘した人物は、寺田寅彦[※]だ。明治から昭和前期にかけて活躍した東京帝國大學の物理学者である。

　寺田は、『吾輩は猫である』で有名な夏目漱石に師事した経歴を持つ随筆家でもあり、多くの作品を残している。その作品の中に『神話と地球科学』と題されたものがある。執筆されたのは、昭和8年（1925年）のことだ。ここでは、小宮豊隆によって編纂された『寺田寅彦随筆集 第四巻』の『神話と地球科学』を引用しながら、話を進めていこう。

　この作品は、次のようにはじまる。

　── われわれのように**地球物理学関係の研究に従事している**ものが**国々の神話**などを読む**場合に一番気のつくこ**とは、それらの**説話の中**にその**国々の気候風土の特徴**が**濃厚に印銘**されており**浸潤**していることである。（**中略**）わが国の**神話伝説の中**にも、そういう**目で見ると、**いかにも**日本の国土**にふさわしいような**自然現象が記述的あるいは象徴的に至るところにちりばめられているのを発見する。**──

　こうして書きはじめ、途中で「神話が全部地球物理学的現象を人格化したものであるという意味ではない」と一言置いた上で、八岐大蛇の分析に入る。

※寺田寅彦

彼の残した「天災は忘れたころにやってくる」という警句は有名です。科学雑誌『Newton』の初代編集長・竹内均は、寺田寅彦の著作を読んで感銘を受け、学者の道を志したことで知られています。寺田寅彦。いろんな意味で、影響力の大きい人です。

―― 高志の八俣のオロチの話も**火山**から**吹き出す熔岩流**の**光景**を**連想**させるものである。「**年**ごとに**来て喫うなる**」というのは、**噴火**の**間歇性**を**暗示**する、「それが**目**は**赤漿**なして」とあるのは、**熔岩流**の**末端**の**烈罅**から**内部**の**灼熱部**を**陰見**する**状況**の**記述**にふさわしい。「**身一つに頭八つ尾八つあり**」は**熔岩流**が**山**の**谷**や**沢**を**求めて合流**あるいは**分流**するさまを**暗示**する。「またその**身に蘿また檜榲生い**」というのは**熔岩流**の**表面**の**峨々**たる**起伏**の**形容**とも**見られ**なくはない。「その**長さ谿八谷峡八尾**をわたりて」は、そのままにして**解釈**はいらない。「その**腹**をみれば、ことごろに**常**に**血爛れたり**とまおす」は、やはり**側面**の**烈罅**からうかがわれる**内部**の**灼熱状態**を**示唆的**にそう**言った**ものと**考えられ**なくはない。「**八つの門**」のそれぞれに「**酒船を置きて**」とあるのは、**現在**でも**各地方**の**沢**の**下端**によくあるような**貯水池**を**連想**させる。**熔岩流**がそれを**目**がけて**沢**に**沿う**ており**て来る**のは、あたかも**大蛇**が**酒甕**をねらって**来る**ように**見られる**であろう。――

現代から見るといささか難しい漢字も使われているので、ここで前項の『新版 古事記』の引用と比較して寺田の指摘を並べてみよう。

◆ 毎年やって来て食ってしまう：
　　➡火山の周期性
◆ その目は赤カガチのようで：
　　➡ 溶岩流先頭の裂け目から見えるドロドロした高温の色
◆ 一つの胴体に八つの頭と八つの尾：
　　➡ 溶岩流が山を流れ落ちる様子
◆ その体には日影蔓と檜・杉が生え：
　　➡ 溶岩流の起伏の形容

火山を下る溶岩のイラスト

溶岩こそが八岐大蛇のモデル?

◆ その長さは谷を八つ、峰を八つ渡る：

➡ 解釈必要なし（そのまま大きさを示唆）

◆ その腹を見れば、どこもかしこもいつも血が垂れ爛れています：

➡ 溶岩流の切れ目から見える高温の溶岩の色

◆ 八つの仮設の棚を結びつけ、その棚毎に酒桶を置いて：

➡ 貯水池

……といった具合である。

　インターネットで「八岐大蛇」の画像検索を行うと、月岡芳年の浮世絵などを見ることができる。多くは、八岐大蛇と洪水を関連づけてのものだ。しかし、こうしてつらつらと火山噴火との関連性を並べていくと、従来の"洪水説"よりも"火山噴火説"の方が、しっくりとくるのではないだろうか。また、寺田は指摘していないけれども、八岐大蛇の尾から見つかったとされる草薙剣こと、天叢雲剣の「常に上に雲がある」という描写は、噴煙、あるいは不安定な山の天気と整合的である。

 三瓶山か白山か

　八岐大蛇が火山噴火に由来する怪異であるとすると、その噴火がいつ、どこであったのか、ということが問題となってくる。『古事記』の編纂が712年。その時期までに、火山噴火の描写を"怪異に変換した伝承"が成立していなければいけない。

　『古事記』には、「須佐之男命が出雲国に降り立った」という記述と、「高志の八俣の大蛇」という記述がある。出雲国とは、いわずと知れた出雲大社を擁する島根県東部地域だ。本書監修者の荻野慎諧は「高志が出雲古志を指すと考えれば、八岐大蛇のモデルとして最も可能性が高いのは三瓶山の噴火ではないか」と指摘する。

　三瓶山は島根県西部に位置する活火山で、現在の標高は1126m。周囲には「浮布池」をはじめとする大小の池が存在し、「酒桶」に相当する貯水池の条件を満たす。八岐大

火山を下る火砕流のイラスト
火砕流こそが八岐大蛇のモデル？

蛇の血によって赤く染まったという「肥河」は、「斐伊川」のことなのかもしれない。

　活火山の活動履歴に関しては、産業技術総合研究所が「日本の活火山」というデータベースを公開している。その記録によると、三瓶山の最近の噴火イベントは今から約1400年前～約1300年前、すなわち、西暦600年～700年のものである。これは『古事記』の編纂時期とほぼ重なる。

　ただし、このときの噴火形式は水蒸気爆発とみられている。水蒸気爆発は、大量の火山灰や石を噴出するものの、大規模な溶岩流や火砕流などの"斜面を流れる現象"をともなわない。つまり、その様子は、大蛇には見えない。

　三瓶山のその次に古い活動記録を確認すると、約3870年前とある。紀元前1870年ごろだ。このときは、マグマ噴火であり、溶岩ドームがつくられたり、火砕流が発生したりしている。荻野は、この噴火が八岐大蛇のモデルである可能性が高いことを指摘するものの、いささか古いという点を課題点もあわせて挙げる。ちなみに、その前の噴火は約5600年前～約5500年前（紀元前3600年～3500年ごろ）のものである。活動間隔が1600年以上空いているという点も「毎年やって来て食ってしまう」という八岐大蛇が仄めかす火山の周期性に一致するかどうかが悩ましい。少々期間が長すぎるのだ。

　荻野は「高志」が「越」であるという場合も検討が必要だと指摘する。「越」とは、現在の北陸地方のことで、今なお、「越前（福井県）」「越中（富山県）」「越後（新潟県）」にその名の名残がある。ちなみに、ここに石川県（加賀および能登）が含まれていないが、もちろん、石川県もかつては越の一地域だった。

　「高志」が「越」だった場合、最有力候補となるのは白山だ。

白山は石川県と岐阜県の県境に位置する活火山である。福井県境にも近く、「霊峰」としてよく知られている。標高は2702mで、翠ヶ池などの大小の池もある。「肥河」に相当する河川としては「九頭竜川」などが挙げられる。

　白山は三瓶山よりも活動的で、歴史時代における噴火の記録は1659年の“最後の噴火”にいたるまでに10回以上ある。『古事記』の編纂時期から考えると1600年前～1400年前、つまり西暦400年～600年に噴火イベントの記録がある。これは、編纂時期であり、我が身にも起きることとして認識されたかもしれない。ただし、「日本の活火山データベース」によると、この噴火は三瓶山の西暦600年～700年の噴火と同じ水蒸気爆発で、大規模な溶岩流や火砕流などの“斜面を流れる現象”をともなっていない。つまり、八岐大蛇のモデルにはなりにくい。

　“斜面を流れる現象”をともなうものとしては、今から2200年前、つまり紀元前200年の記録がある。このときは溶岩流や火砕流が発生していた。紀元前200年というと『古事記』編纂まで900年あまりの歳月がある。ただし、この噴火間隔は三瓶山のそれよりも短く、「毎年やって来て食ってしまう」という伝承になりやすいかもしれない。

　ただし、である。白山の火山活動に詳しい金沢大学の平松良浩によると、このときに溶岩流が流れたのは、岐阜県側とのことである。白山は「霊峰白山」と呼ばれ、北陸地域においてはその存在感は圧倒的だ。もしも夜間に噴火があり、その斜面を溶岩が流れる様を見ていたら、なるほど、それは八岐大蛇の“発想の元”になるかもしれない。しかし、「霊峰」としての姿が確認できるのは、日本海側だからこそだ。岐阜県側から見るとそこまでの存在感はなく、他の山々の中に半ば埋没するという。平松は「地理的に考

えて、紀元前200年の噴火に際して、多くの人々が溶岩の流れる様を見ることができたとは思えない」と指摘する。現象そのものは八岐大蛇を想起させても、伝承が発生しにくいのである。

　もっとも、白山には時期以上に肯定的な材料もある。白山比咩神社※のホームページで公開されている白山の伝説によると、1300年前に白山に登った僧が「九つの頭を持った竜」を確認している。また、この僧は白山の山頂付近に棲むとされる「おろち」千匹を封じたという。1300年前の火山活動の記録はないけれども、「九つの頭を持った竜」や「おろち」という記述は、八岐大蛇を彷彿させなくもない。かつての火山活動を目撃した人々によって伝えられた伝承が、1300年前の僧の登山にともなって集約した可能性もあるのだ。もっとも、この話と『古事記』の八岐大蛇のイメージがどのようにリンクしていくのかは、議論の余地が多分にあるといえよう。

※白山比咩神社
石川県白山市にある神社で、紀元前91年からその歴史ははじまるといわれています。シラヤマヒメノオオカミ、イザナギノミコト、イザナミノミコトを祀り、五穀豊穣・大漁満足・開運招福・家内安全・良縁成就・交通安全・生業繁栄・学業成就・身体健全・夫婦円満・福徳長寿・家運長久・子孫繁栄・神人和楽の霊験があるとか（なんでもありですね……）。

新潟焼山か

　「高志」が「越」だった場合、「もう一つ候補がある」と平松は指摘する。それが、新潟県西部の新潟焼山だ。

　新潟焼山は標高2400mの活火山である。「酒桶」に相当するような池もいくつかあり、「肥河」に相当する河川としては「早川」が挙げられる。

　新潟焼山の噴火活動を八岐大蛇と見る場合のポイントは、その活動時期だ。そもそもこの火山は、約3000年前（紀元前1000年）に活動がはじまったという比較的若い活火山である。その後、繰り返し噴火を行っている。とくに約3000年前には「第一期」と呼ばれる噴火活動が頻繁にあっ

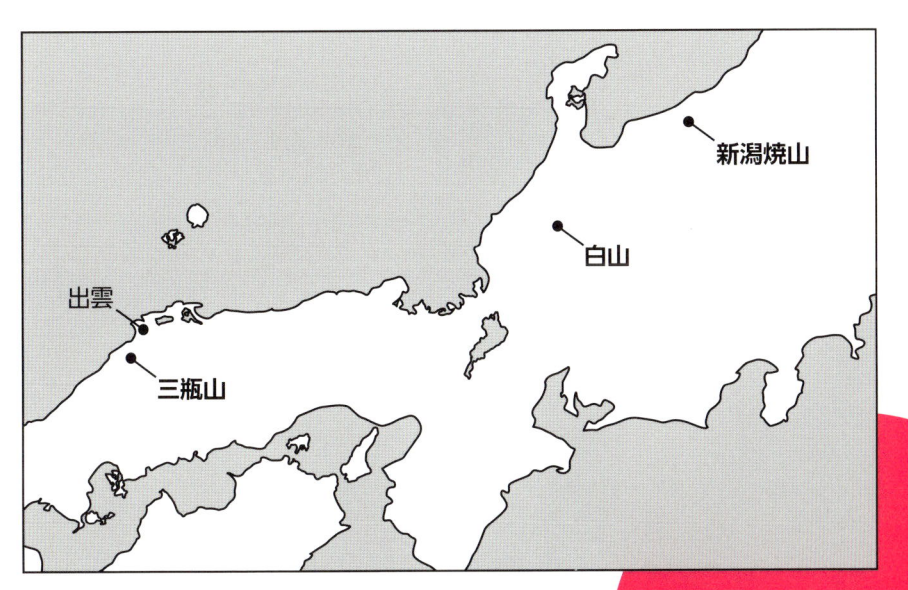

た。しかもそれはマグマ噴火であり、溶岩流や火砕流を頻繁にともなっている。八岐大蛇が「毎年やって来て食ってしまう」という周期性と整合的だ。

　しかも新潟焼山の火山活動は大規模である。例えば、「第2期」の火山活動の一つにあたる西暦989年の噴火で発生した火砕流だ。新潟焼山の北西部は現在の糸魚川市にあたる。その北は日本海だ。989年に発生した火砕流は早川沿いに下り、20km以上も先の日本海にまで到達しているのである。

　もちろん、「989年」となると、『古事記』の編纂から200年以上の歳月が経過している。そのため、この火砕流が八岐大蛇のモデルとなったわけではない。しかし、新潟焼山では「第3期」と呼ばれる1361年の火山活動でも同規模の火砕流が発生している。「第2期」や「第3期」と同じように「第1期」にも、大規模な火山活動が発生してい

た可能性は十分にある。

　しかも白山とはちがって、新潟焼山は糸魚川市方面（日本海側）からよく見える。

　平松は「糸魚川」という地域にも注目する。糸魚川市は古くから翡翠の発掘で知られる地域だ。翡翠は古代においては、特別な鉱物だ（現在でも、「日本の国石」[*]に指定されている）。宝飾品として、古来より珍重されてきた。そのため、糸魚川地域は古くから出雲地方などと交流があったとみられている。

　古代の糸魚川地方と出雲地方の"つきあいのほど"を物語るのが、糸魚川地方に多いという奴奈川姫を祀る神社の存在だ。奴奈川姫は『古事記』に登場する神の一人で、賢く美しかったとされる。八岐大蛇を退治した須佐之男命の息子の一

八岐大蛇のイラスト（火山バージョン）
山を流れる溶岩や火砕流と同じ構図で、久正人氏に描いてもらいました。

人である大国主（出雲の神）は、奴奈川姫のもとにおしかけて求婚をしているのである。すなわち、八岐大蛇と同じ『古事記』に、糸魚川地方ゆかりの神が登場しているのである。

出雲と糸魚川は古くから交流があった。もしも、第1期の火山活動中に、出雲から糸魚川に訪れた人が新潟焼山の噴火と溶岩流（あるいは火砕流）を見たとしたら、そして、それが夜だったとしたら、溶岩流や火砕流から八岐大蛇を想像したかもしれない。あるいはその様子が語り継がれるうちに、八岐大蛇が創造された可能性もある。

もっとも、三瓶山と同じように、『古事記』の編纂までの間、1700年以上もその伝承が語り継がれたのかどうか、という点は議論の余地があるところだろう。

こうして見ると、三瓶山、白山、新潟焼山の三山は、いずれも一長一短に見える。

三瓶山は、何しろ出雲に近いという点はあるものの、八岐大蛇のモデルとなりそうな火砕流や溶岩流の発生時期が、三山の中で最も古い。

白山は、三山の中で最も新しい時期に活動がみられるものの、溶岩流の発生が目立たなかった可能性がある。

新潟焼山は、出雲と交流のある地域であり、また溶岩流や火砕流が目撃されやすいかったという点はあるものの、やはり該当条件の活動時期は古い。

寺田が指摘したことに端を発する「八岐大蛇は火山活動」説は、その火山を特定しえたときに、より強力な仮説となりそうである。歴史記録に残っていない火山活動を、科学によってどのように見つけていくのか。そうした研究の進展も、これから注目だ。

ONE POINT COLUMN

監修者 妖怪古生物学者 荻野慎諧博士の ワンポイントコラム

ヤマタノオロチのしっぽを掴む

　古生物から少し離れて、火山の話です。噴火という言葉を聞いて脳裏にそのイメージがすぐに浮かぶのは、テレビ映像などで見たことがあるからだと思います。本章の中心となる寺田寅彦先生の時代はもう 100 年も昔。

　一点、今の時代にあって寺田先生の時代にはなかった概念があります。それは「火砕流」です。火砕流という言葉は日本で作られた言葉で、東京大学名誉教授の荒牧重雄先生が 1950 年代に提唱されました。英語だと pyroclastic flow といいます。pyro- =火の、clastic =砕屑性の、flow =流れ、です。

　寺田先生の「神話と科学」にある溶岩流説では十分に説明しづらかったものが、この火砕流という概念と、映像記録に触れることでよく見えてきそうです。ヤマタノオロチの本体を寺田先生は溶岩流と解釈していましたが、これを火砕流と考えると、より整合性が出てくるのでは、というのが私の考えているところです。胴体をヒカゲノカズラのようにモジャモジャした植物になぞらえ、また古事記・日本書紀いずれにも描写されている背中から生える木々を、発生した噴煙と考えれば、表現としてより整合的です。

　従来の、江戸時代から考えられている洪水説では、この「背中に生える木々」が上手く説明できませんでした。またさらに、洪水であれば、たとえば酒桶を準備するにしても、中身は空っぽにしておいた方が洪水を止める手段として考えた場合、合理的です。酒が満たされていて初めて物語が成り立つとすると、そこに洪水が突っ込んだら溢れてしまいます。

　さて、本文中には三瓶山、白山、新潟焼岳の 3 説が挙げられています。個人的には、時代はだいぶ古いものの、三瓶山を推したいと思っています。その理由としては、地理や地名の整合性もありますが、最大の理由は、三瓶山のふもとの縄文遺跡の上に噴出物に由来する洪水堆積物が重なっており、遺跡が被害を受けていたからです。

　とはいえもちろんヤマタノオロチ火山説も、これを正しい、他の説は間違っている、というつもりは毛頭ありません。古典を読み直して、皆でいろいろ考えを巡らせるきっかけになればと思っています。

9章 鬼

～終章のかわりに

「怪異の中で、気になるのはツノの存在」と本書監修者の荻野慎諧は指摘する。ツノのある怪異……そう、「鬼」である。本書の締めくくりとして、この圧倒的な知名度を持つ怪異について、触れておこう。

典型的な鬼のイラスト
日本の代表的な鬼である「酒呑童子」を久正人氏に描いていただきました。昨今のネット検索でヒットする愛らしい少女の姿ではなく、浮世絵などに描かれている"伝統的な"鬼のスタイルです。

描写される鬼たち

あなたは「鬼」と聞いて、どのような姿の怪異を思い浮かべるだろうか？　『桃太郎※』に出てくるような赤い肌や青い肌の鬼だろうか？　それとも、酒呑童子や茨木童子※などの京の都を代表するような鬼だろうか？

鬼そのものの歴史は古い。たとえば、720年に完成した官撰の歴史書である『日本書紀』には、欽明天皇※の記録に鬼が登場する。

—— **十二月、越の国からの報告に、「佐渡ヶ島の北の御那部の崎に、みしはせ（粛慎）の人が一艘の船に乗ってきて停泊し、春夏の間、漁をして食料としていました。その島の人は、あれは人間ではない、あるいは鬼であるといって、近づきませんでした。（中略）ある人がこれを占って、『この里の人はきっと鬼のためにかどわかされるだろう。（後略）——**

また、斉明天皇※の葬儀のときの記録には次のようにある。

—— **八月一日、皇太子（中大兄※）は天皇の喪をつとめ、帰って磐瀬宮につかれた。この宵、朝倉山の上に鬼があらわれ、大笠を着て喪の儀式を覗いていた。人々は皆怪しんだ——**

（ともに『日本書紀（下）全現代語訳』より引用）。

しかし、これらには「鬼」という字が使われているだけで、「ツノがある」という、ある意味で鬼として重要な特徴に言及した姿の描写は一切ない。ただし、なんとも近づきがたき印象のある文脈であり、この時点で怪異としての存在は認められていたことを伺わせる。

一方で、『日本書紀』の完成よりも半世紀ほど遡った7世紀半ばにつくられた仏像にも、鬼の姿は認められる。もっ

※桃太郎

おそらく日本で最も有名な物語の一つ。きびだんごを片手に、イヌ、サル、キジを連れて鬼ヶ島に鬼退治に行くお話です。最も、赤い肌や青い肌の鬼はあくまでもイメージで、桃太郎の"オリジナル"にそんな描写があるかどうかは不明です。……ですが、イメージは伝わりますよね？

※茨木童子

酒呑童子の子分として知られる鬼です。こちらも、昨今のネット検索ではずいぶんと愛らしい姿がヒットします。すごいな、F○te。

※これまで紹介してきたネット検索の情報（とくにイメージ情報）は、あくまでも本書執筆時のものです。

※欽明天皇

6世紀後半に在位した天皇です。

※斉明天皇

7世紀半ばに在位した天皇です。

※中大兄

中大兄皇子のこと。大化の改新を断行した人物として知られています。のちの天智天皇です。

とも、それらの像は、鬼そのものを単独でモデルとしたも
のではない。

　仏教における「四天王」に多聞天*、持国天*、増長天*、
広目天*がいる。この四天王の彫像は各地にあり、その中
でも奈良県の法隆寺*にある４体は、現存する日本最古の
ものとして知られ、1952年には日本の国宝に指定されてい
る。

　四天王像はいずれも邪鬼を踏みつけている。このうち、
持国天と増長天の踏む邪鬼にツノがあるのだ。持国天の踏
む邪鬼は牛頭で、まさに牛のそれを彷彿とさせるあまり鋭
くないツノを左右に持つ。一方の増長天の踏む邪鬼には、

※多聞天

北方を守る神将。毘沙門
天のことです。

※持国天

東方を守る神将です。

※増長天

南方を守る神将です。

※広目天

西方を守る神将です。

※法隆寺

世界最古の木造建築と
して知られており、建立
は607年と伝えられてい
ます。有名な建造物とし
て、五重塔があります。

額に鋭く長いツノを持つ。「四天王が踏みつけている」という状況からも、これらの鬼がやはり"よくない存在"であることが示唆されているといえよう。

ツノがある怪異。しかも、広く認知された"恐ろしい存在"。ここに荻野は注目する。「はたして、鬼のツノにモデルとなる動物がいるだろうか？」

 ## ツノのモデルはいったい何か？

本書では、怪異の起源の多くを古生物に求めてきた。

ユニコーンは絶滅哺乳類のエラスモテリウム、グリフォンは恐竜プロトケラトプス、キュクロプスは絶滅ゾウ類、ルフは肉食恐竜の足跡で、ドラゴンや龍にはワニやゾウ類、海棲爬虫類の絶滅種が関わっていたかもしれない。ぬえは絶滅した大型のレッサーパンダ、天狗はイルカと絶滅巨大ザメのメガロドンなどを挙げてきた。

さて、鬼である。

ツノを生やた人型の怪異で、しかも人類にとっては恐ろしい存在。

古生物に正体を求めるのであれば、その存在を仄めかす化石が必要となってくる。

しかし、これに相当する動物が、荻野にも筆者にも思い当たらないのである。

例えば、ユニコーンの章で紹介したエラスモテリウムは、長いツノを持っていたとされる動物である。ユニコーンの章では、これを「人類が目撃した」という推理展開を紹介した。エラスモテリウムは、その歯をみれば食性は一目瞭然で、植物食の動物である。植物食の動物は、人類のつくった農作物などを荒らしたり、あるいは食料競合者にはなり

得るかもしれない。しかし、直接的に人間を襲うような"恐ろしい怪異"ではない。実際、エラスモテリウムからイメージされたとみたユニコーンは、人類にとって必ずしも恐ろしい怪異ではなく、神仏に退治されるような存在ではない。

本書では紹介した怪異の中では、キュクロプスが人型で、ぬえも、まあ、見ようによっては人型といえるかもしれない。しかし、キュクロプスのモデルとして紹介した絶滅ゾウ類（マンモスの仲間）も、ぬえのモデルとして紹介した大型のレッサーパンダもツノは持たない。

「人型」といえば、真っ先に霊長類が思い浮かぶが、古今東西の霊長類でツノを持つもの（持っていたもの）はいない。

「人型」であるかどうかは別として、「人類にとって恐ろしい存在」を挙げると、まずは、肉食性哺乳類だろう。しかし、日本や東アジアなどの地域に縛られることなく、世界中のこれまでに発見されている肉食性哺乳類を調べてみても、やはりツノを持つものはいない。直接的・間接的な脅威にあたる食肉類は、鋭い牙を持つ種こそあれども、ツノを持つものはいない。現生種を見渡しても、化石種を調べても、ツノを持つものは植物食なのである。そして、ワニ類のように大型の爬虫類を見ても、やはりツノを持ってはいないのである。

ツノのある肉食性の動物ということで、その"起源"をたどっていくと、なんと恐竜にまで遡らなくてはいけなくなる。

アルゼンチンの白亜紀後期の地層から化石が見つかる肉食恐竜カルノタウルス（*Carnotaurus*）は、左右の眼窩の上にツノがある。

カルノタウルスは全長7.5mほどの二足歩行の恐竜で、

カルノタウルス

中型の肉食恐竜で、本文で言及しているように「短い腕」と「ツノ」を特徴としています。ちなみに、名前が「サウルス(*saurus*)」ではなく「タウルス(*taurus*)」であることもこのツノが原因です。ツノがあることから、一般的にトカゲを指す「サウルス」ではなく、ウシを意味する「タウルス」が使われているのです。この恐竜がもっと新しい時代の古生物で、生息域も日本であれば、鬼の有力候補といえなくもないのですが……。

やたらと手が短いことを特徴とする。なるほど、その頭骨を見れば、口には鋭い歯が並ぶ。もちろん人型ではないけれども、ツノのある"人間に脅威を及ぼしそうな怪異"のモデルとしてはありそうな……ということはないだろう。さすがに、化石の産出地がアルゼンチンでは日本から遠すぎだ。

そのため、荻野は「鬼の"正体"は、目下のところ、実在の生き物に当てはめることが難しい」とさじを投げる。

 古生物の"新たな楽しみ方"

本書では、怪異の起源の多くを古生物に求めてきた。

それは真実であるかもしれないし、当時の人々からみれば、まったくの的外れな議論なのかもしれない。それでも、怪異と古生物との関連性を議論し、推理することは、古生物に新たな視点を投入するものといえる。

何よりも楽しい。

あなたの住む地域、あるいは故郷、もしくは旅先に、なんらかの怪異はいるだろうか？　その怪異の正体を探る際には、ぜひとも化石記録にも焦点を当ててみてほしい。ひょっとしたら、何か新たなつながりを見つけることができるかもしれない。……もっとも、"祟り"には重々気をつけられたし。何しろ相手は「怪異」なのだから。

ONE POINT COLUMN

専守防衛の証

　「鬼」はバリエーションが多すぎて一般化して語ることの難しい概念です。現在私たちがイメージする「鬼」像にベースとなった生き物があるか、と問われた場合、私は「ないのでは」と答えます。あえていえば、牛頭邪鬼あたりが現在の鬼像に影響を与えている、くらいの推察ができそうだ、でしょうか。

　鬼の概念に関する考察は専門書が数多く出ていますので、そちらにお任せするとして、最後のコラムでは、本文に続いて鬼の「角」についてもう少し詳しく見ていきたいと思います。

　一般的には鳥山石燕の描く鬼や、般若坊のお面のイメージが強く、恐ろしい存在として認知されています。西洋においても悪魔のイメージが、ヤギの頭を持つバフォメットに代表されますね。

　さて、角のある生き物を頭の中で思い浮かべてみましょう。サイやウシ、シカ、トリケラトプス……、こうして見るとすべて植物食で、肉食動物には角が基本デザインとしてありません。カブトムシもクワガタムシも、樹液がエネルギー源です。例外的に恐竜のカルノタウルス、現生生物でカメレオンがみられるくらいで、カメレオンについては、オス同士の争いのためのもので、角を使って獲物を刺すというような用途には用いません。

　肉食の動物が獲物を傷つけるために特化するのはむしろ歯です。歯はエネルギー摂取する際に非常に重要な器官なので、種ごとに特徴があり、なおかつ種内の個体差が少なく、安定した形質を保持しています。体の部位でいちばん硬いので化石にも残りやすく、極端な話、歯が1本見つかるだけで種がわかるという場合もあります。

　イラストを担当いただいた久正人さんにも、歯の部分をこだわっていただいています。あらためて確認し見直してみてください。

　ここで鳥山石燕が描く鬼や、嫉妬と怒りで角が生えた鬼女のように、角のある生き物が動物やヒトを襲う場面を考えてみましょう。もともと他の動物に対して無関心な角を持つ生き物がヒトを襲う場合、攻撃的になった時点で「ヒト側に何かしらの過失がある」と考えたほうが良さそうです。本文中のコメントで「鬼を実在する生き物に当てはめるのは無理」と答えたのも、鬼像がつくられていく背景に、生物の観察過程が見てとれなかったからです。ヒトが、本来侵してはなら

ない領域に踏み込んだ「ヒト側の過失」をうやむやにした事もありえるでしょう。西洋でもまた、スケープゴートにしたヤギに対する罪悪感があって、それへの抗拒や正当化の必要性、みたいなものが根底にあるのかもしれません。

　私はここ10年くらい、2月の節分会の際に鬼に豆をぶつける行為を見直すよう働きかけています。皆さんも、参加する際は握りしめた豆をいったい誰に向かって投げるのか、自問してみてください。

❖ 検証の終わりに ❖

　古い文献というのは、当時の知識層が書き記したものです。荒唐無稽なものももちろん多いのですが、真面目に現象を観察して記載した学術価値のあるものも少なくない、私はそう思っています。この観点が私の提唱するところの「妖怪古生物学」の出発地点です。1000年謎だった生き物を放っておかず、見直してみる。

　たとえば、道路を作ったり田畑を開墾したり、昔の生活の中でも化石に出会う機会は少なくなかったと思います。山奥の土地が1000万年前まで海だった、といって誰もが理解できるようになるのは現代になってからのことです。このような前提であらためて考えてみると、わからないなりに記載されたものの由来は、おのおのの時代の知識に依存していることになります。

　いま語り継がれている「不思議」は、ロマンを感じることも大事ですが、科学的な研究をはじめるスタート地点でもあると思っています。その視線が注がれる先に巨大な怪獣が見えていても、正体の定かでない幽霊が見えていても、記録の方法は時代を通じて変わらない「描写」が見られます。目撃譚が真摯に記されたものであれば、後の世に検証することがでます。今回あつかった文献の著者をはじめ、孜々営々と記録を残し続けてくださった多くの先達に、この場を借りてあらためて敬意と感謝を表したいと思います。

　最後に、本書の意義をあまり述べていなかったので一言だけ。

　基礎理学と応用理学という言葉が世の中にあります。古生物学は基礎理学の範疇なのですが、応用する方面が少なく、例を挙げるならば資源探索や環境変動といったところでしょうか。そんななかで、異分野、しかも遠く離れた人文系の課題を解決する手段としてこういうこともできるのだという事例ができたことが、些細な一歩ではありますが、たいへんうれしく思っている次第です。

もっと詳しく知りたい読者のための 参考資料

本書を執筆するにあたり，とくに参考にした主要な文献は次の通り。なお，邦訳があるものに関しては，一般に入手しやすい邦訳版を挙げた。また，web サイトに関しては，専門の研究機関もしくは研究者，それに類する組織・個人が運営しているものを参考とした。Web サイトの情報は，あくまでも執筆時点での参考情報であることに注意。
※本書に登場する年代値は，とくに断りのないかぎり，
International Commission on Stratigraphy，2017/02，INTERNATIONAL STRATIGRAPHIC CHART を使用している。

【ユニコーンの章】

《一般書籍》

『一角獣』著：R. R. ベーア，1996年刊行，河出書房新社

『岩波＝ケンブリッジ 世界人名辞典』編集：デイヴィド・クリスタル，1997年刊行，岩波書店

『小学館の図鑑［新版］NEO 動物』監修・指導：三浦慎吾，成島悦雄，伊澤雅子，吉岡 基，室山泰之，北垣憲仁，画：田中豊美ほか，2014年刊行，小学館

『新版 絶滅哺乳類図鑑』著：冨田幸光，伊藤丙男，岡本泰子，2011年刊行，丸善株式会社

『神秘のクジラ イッカクを追う』著：トッド・マクリーシュ，2014年刊行，原書房

『世界のクジラ・イルカ百科図鑑』著：アナリサ・ベルタ，2016年刊行，河出書房新社

『動物部分論・動物運動論・動物進行論』著：アリストテレス，2005年刊行，京都大学学術出版会

『ビジュアルでわかる地球46億年史』編：洋泉社編集部，2014年刊行，洋泉社

『プリニウスの博物誌〈第7巻〜第11巻〉』2012年刊行，雄山閣

『CTESIAS: ON INDIA』翻訳：Andrew G. Nichols，2011年刊行，Bristol Classical Press

《特別展図録》

『マンモス「YUKA」』2013年，パシフィコ横浜

《WEBサイト・プレスリリース等》

A Fossilised Skull Has Revealed When The Last 'Siberian Unicorn' Lived on Earth，JOSH HRALA，Science alert，2016年3月27日，http://www.sciencealert.com/a-fossilised-skull-has-revealed-when-the-last-siberian-unicorn-lived-on-earth

Extinct 'Siberian unicorn' may have lived alongside humans, fossil suggests，Ellen Brait，theguardian，2016年3月29日，https://www.theguardian.com/science/2016/mar/29/siberian-unicorn-extinct-humans-fossil-kazakhstan

《学術論文》

Andrei Valerievich Shpansky，Valentina Nurmag a mbetovna Aliyassova，Svetlana Anatolievna Ilyina，2016，The Quaternary Mammals from Kozhamzhar Locality (Pavlodar Region, Kazakhstan)，American Journal of Applied Sciences，vol.13 (2)，p189-199

Israel Hershkovitz, Gerhard W. Weber, Rolf Quam, Mathieu Duval, Rainer Grün, Leslie Kinsley, Avner Ayalon, Miryam Bar-Matthews, Helene Valladas, Norbert Mercier, Juan Luis Arsuaga, María Martinón-Torres, José María Bermúdez de Castro, Cinzia Fornai, Laura Martín-Francés, Rachel Sarig, Hila May, Viktoria A. Krenn, Viviane Slon, Laura Rodríguez, Rebeca García, Carlos Lorenzo, Jose Miguel Carretero, Amos Frumkin, Ruth Shahack-Gross, Daniella E. Bar-Yosef Mayer, Yaming Cui, Xinzhi Wu, Natan Peled, Iris Groman-Yaroslavski, Lior Weissbrod, Reuven Yeshurun, Alexander Tsatskin, Yossi Zaidner, Mina Weinstein-Evron, 2018, The earliest modern humans outside Africa, Science, vol.359, p456–459

Jean-Jacques Hublin, Abdelouahed Ben-Ncer, Shara E. Bailey, Sarah E. Freidline, Simon Neubauer, Matthew M. Skinner, Inga Bergmann, Adeline Le Cabec, Stefano Benazzi, Katerina Harvati, Philipp Gunz, 2017, New fossils from Jebel Irhoud, Morocco and the pan-African origin of *Homo sapiens*, nature, vol.546, p289-292

Vladimir Zhegallo, Nikolay Kalandadze, Andrey Shapovalov, Zoya Bessudnova, Natalia Noskova, Ekaterina Tesakova, 2005, On the fossil rhinoceros *Elasmotherium* (including the collections of the Russian Academy of Sciences), CRANIUM, vol.22, 1, 17-40

【グリフォンの章】

《一般書籍》

『岩波=ケンブリッジ 世界人名辞典』編：デイヴィド・クリスタル，1997年刊行，岩波書店

『幻獣辞典』著：ホルヘ・ルイス・ボルヘス，2013年刊行，晶文社

『コロンブスをペテンにかけた男―騎士ジョン・マンデヴィルの謎』著：ジャイルズ・ミルトン，2000年刊行，中央公論新社

『東方旅行記』著：J. マンデヴィル，1964年刊行，平凡社

『白亜紀の生物 上巻』監修：群馬県立自然史博物館，著：土屋健，2015年刊行，技術評論社

『不思議の国のアリス』著：ルイス・キャロル，2010年刊行，角川書店

『不思議の国のアリス オリジナル』著：ルイス・キャロル，2002年刊行，書籍情報社

『プリニウスの博物誌〈第7巻~第11巻〉』2012年刊行，雄山閣

『日本史年表・地図』編：児玉幸多，2016年刊行，吉川弘文館

『歴史 中』著：ヘロドトス，1972年刊行，岩波書店

『The First Fossil Hunters』著：Adrienne Mayor，2011年刊行，Princeton Univ Press

《WEBサイト・プレスリリース等》

Introduction and History, UNIVERSITY OF OXFORD, https://www.ox.ac.uk/about/organisation/history?wssl=1

《学術論文》

Adrienne Mayor, Michael Heaney, 1993, Griffins and Arimaspeans, Folklore, vol.104:1-2, p 40-66

【ルフの章】

《一般書籍》

『岩波=ケンブリッジ 世界人名辞典』編集：デイヴィド・クリスタル，1997年刊行，岩波書店

『完訳 千一夜物語 1』1988年刊行，岩波書店

『完訳 千一夜物語 5』1988年刊行，岩波書店

『幻獣辞典』著：ホルヘ・ルイス・ボルヘス，2013年刊行，晶文社

『小学館の図鑑 NEO［新版］鳥』指導・執筆：白山義久，窪寺恒己，久保田 信，齋藤 寛，駒井智幸，長谷川和範，西川輝昭，藤田敏彦，月井雄二，土田真二，加藤哲哉，撮影:松沢陽士，楚山いさむほか，2015年刊行，小学館

『生物学辞典』編集：石川 統，黒岩常祥，塩見正衛，松本忠夫，守 隆夫，八杉貞雄，山本正幸，2010年刊行，東京化学同人

『マルコ・ポーロ 東方見聞録』2012年刊行，岩波書店

『A Short History of Vertebrat Palaeontology』著：Erich Buffetaut，1987年刊行，Springer

『Firefly Encyclopedia of Birds』編：Christopher Perrins，2003年刊行，Firefly Books Ltd

『The Princeton Field Guide to Dinosaurs 2ND EDITION』著：Gregory S. Paul，2016年刊行，Princeton Univ Press

《WEBサイト・プレスリリース》

ボーイング787-8（788），ANA，https://www.ana.co.jp/international/departure/inflight/seatmap/detail.html?c=b787_8

マダガスカルの絶滅した巨大な鳥・象鳥の古代DNA解析による走鳥類進化の解明，国立科学博物館，2016年12月15日

Tyrannosaurus rex STAN Foot，Black Hills Institute，http://www.bhigr.com/store/product.php?productid=471&cat=2&page=2

《学術論文》

Adrienne Mayor，William A. S. Sarjeant，2001，The Folklore of Footprints in Stone: from Classical Antiquity to the Present，Ichnos，vol.8，2，p143-163

【キュクロプスの章】

《一般書籍》

『イリアス〈下〉』著：ホメロス，1992年刊行，岩波書店

『岩波=ケンブリッジ 世界人名辞典』編集：デイヴィド・クリスタル，1997年刊行，岩波書店

『オデュッセイア〈上〉』著：ホメロス，2001年刊行，岩波書店

『古第三紀・新第三紀・第四紀の生物 下巻』監修：群馬県立自然史博物館，著：土屋健，2016年刊行，技術評論社

『小学館の図鑑［新版］NEO 動物』監修・指導：三浦慎吾，成島悦雄，伊澤雅子，吉岡 基，室山泰之，北垣憲仁，画：田中豊美ほか，2014年刊行，小学館

『神統記』著：ヘシオドス，1984年刊行，岩波書店

『新版 絶滅哺乳類図鑑』著：冨田幸光，伊藤丙男，岡本泰子，2011年刊行，丸善株式会社

『世界神話伝説大事典』編：篠田知和基，丸山顕徳，2016年刊行，勉誠出版

『続・妖怪図巻』著：湯本豪一，2006年刊行，国書刊行会

『鳥山石燕 画図百鬼夜行全画集』著：鳥山石燕，2005年刊行，角川書店

『トロイア戦争全史』著：松田治，2008年刊行，講談社

『日本史年表・地図』編：児玉幸多，2016年刊行，吉川弘文館

『妖怪事典』著：村上健司，2000年刊行，毎日新聞社

『妖怪図巻』著：京極夏彦，多田克己，2000年刊行，国書刊行会

『The First Fossil Hunters』著：Adrienne Mayor，2011年刊行，Princeton Univ Press

《特別展図録》

『太古の哺乳類展』2014年，国立科学博物館

《WEBサイト・プレスリリース等》

どうぶつ図鑑，東京ズーネット，http://www.tokyo-zoo.net/encyclopedia/class_list/

《学術論文》

Asia Larramendi，2016，Shoulder height, body mass, and shape of proboscideans，Acta Palaeontologica Polonica，vol.61，3，p537-574

Victoria L. Herridge, Adrian M. Lister，2012，Extreme insular dwarfism evolved in a mammoth，Proc. R. Soc. B,，vol.279，p3193-3200

【龍の章】
《一般書籍》
『化石革命』著：ダグラス・パーマー，2005年刊行，朝倉書店
『化石は語る』監修：川那部浩哉，著：高橋啓一，2008年刊行，八坂書房
『教会の怪物たち』著：尾形希和子，2013年刊行，講談社
『巨大絶滅動物　マチカネワニ化石』著：小林快次，江口太郎，2010年刊行，大阪大学出版会
『国宝 よみがえる色彩』著：小林泰三，2010年刊行，双葉社
『古第三紀・新第三紀・第四紀の生物 下巻』監修：群馬県立自然史博物館，著：土屋健，2016年刊行，
　技術評論社
『史記 上』著：司馬遷，1972年刊行，平凡社
『小学館の図鑑 NEO 両生類・爬虫類』著：松井正文，疋田努，太田英利，撮影：前橋利光，前田憲男，
　関慎太郎 ほか，2004年刊行，小学館
『新版 古事記』2009年刊行，角川学芸出版
『新版 絶滅哺乳類図鑑』著：冨田幸光，伊藤丙男，岡本泰子，2011年刊行，丸善株式会社
『生命史図譜』監修：群馬県立自然史博物館，著：土屋健，2017年刊行，技術評論社
『世界の恐竜MAP 驚異の古生物をさがせ!』監修：芝原暁彦，著：土屋健，イラスト：ActoW，阿部伸二
『脊椎動物の進化 原著第5版』著：エドウィン・H・コルバート，マイケル・モラレス，イーライ・C・ミンコフ，
　2004年刊行，築地書館
『ドラゴン神話図鑑』著：ジョナサン・エヴァンズ，2009年刊行，柊風舎
『南庄の象化石』著：荻原真一ほか，1975年刊行
『日本人名大辞典』編：上田正昭，西澤潤一，平山郁夫，三浦朱門，2001年刊行，講談社
『日本地質の研究 ナウマン論文集』著：エルンスト・ナウマン，1996年刊行，東海大学出版会
『日本の長鼻類化石』著：亀井節夫，1991年刊行，築地書館
『白亜紀の生物 下巻』監修：群馬県立自然史博物館，著：土屋健，2015年刊行，技術評論社
『白亜紀の生物 上巻』監修：群馬県立自然史博物館，著：土屋健，2015年刊行，技術評論社
『博物誌の文化学 動物篇』著：植月恵一郎，2003年刊行，鷹書房弓プレス
『プリニウスの博物誌〈第7巻~第11巻〉』2012年刊行，雄山閣
『龍とドラゴン』著：フランシス・ハックスリー，1982年刊行，平凡社
『龍の起源』著：荒川紘，1996年刊行，紀伊國屋書店
『ワニと龍』著：青木良輔，2001年刊行，平凡社
『Dutch pioneers of the earth sciences』編：Jacques L. R. Touret, Robert Paul Willem Visser，2004
　年刊行，Edita-The Publishing House of the Royal
『Fossil Revolution』著：Douglas Palmer，2004年刊行，HarperCollins Publishers
『The First Fossil Hunters』著：Adrienne Mayor，2011年刊行，Princeton Univ Press
『The Great Bear Almanac』著：Gary Brown，1993年刊行，LYONS & BURFORD
『The Life of Apollonius of Tyana, Volume I』著：Philostratus，1912年刊行，Loeb Classical Library
《特別展図録》
『太古の哺乳類展』2014年，国立科学博物館
《講演予稿集》
日本古生物学会第161回例会（群馬県）講演予稿集，2012年刊行
《WEBサイト・プレスリリース等》
オオツノジカ発見・発掘から200年，長谷川善和，Demeter No.1，1997年春，http://www.gmnh.pref.
　gunma.jp/wp-content/uploads/demeter_no01.pdf

コウガゾウ全身骨格標本，三重県総合博物館，http://www.bunka.pref.mie.lg.jp/
　MieMu/82966046653.htm

高松塚古墳，国営飛鳥歴史公園，https://www.asuka-park.go.jp/takamatsu/index.html

富岡市立西小学校，http://nishi-es.nc.tomioka.ed.jp/

ふるさと歴史ウォーク〜黒岩地内〜，富岡市教育委員会，2009年，http://www.city.tomioka.lg.jp/
　www/contents/1000000000983/files/heisei21.pdf

《学術論文》

David M. Martil, Helmut Tischlinger, Nicholas R. Longrich, 2015, A four-legged snake from the Early Cretaceous of Gondwana, Science, vol.349, Issue 6246, p416-419

Haruo Saegusa, Yupa Thasod, Benjavun Ratanasthien, 2005, Notes on Asian stegodontids, Quaternary Internationa, 126–128, p31–48

Johan Lindgren, Hani F. Kaddumi, Michael J. Polcyn, 2013, Soft tissue preservation in a fossil marine lizard with a bilobed tail fin, Nat. Commun. 4:2423 doi: 10.1038/ncomms3423

Johan Lindgren, Michael W. Caldwell, Takuya Konishi, Luis M. Chiappe, 2010, Convergent Evolution in Aquatic Tetrapods: Insights from an Exceptional Fossil Mosasaur. PLoS ONE, vol.5, no.8, e11998. doi:10.1371/journal.pone.0011998

Pieters, F. F. J. M., 2009, Natural history spoils in the Low Countries in 1794/95: the looting of the fossil Mosasaurus from Maastricht and the removal of the cabinet and menagerie of stadholder William V. In E. Bergvelt, D. J. Meijers, L. Tibbe, & E. van Wezel (Eds.), Napoleon's legacy: the rise of national museums in Europe, 1794-1830. (pp. 55-72). (Berliner Schriften zur Museumsforschung; No. 27). Berlin: G+H Verlag.

Takuya Konishi, Donald Brinkman, Judy A. Massare, Michael W. Caldwell, 2011, New exceptional specimens of *Prognathodon overtoni* (Squamata, Mosasauridae) from the upper Campanian of Alberta, Canada, and the systematics and ecology of the genus, Journal of Vertebrate Paleontology, vol.31, Issue5, p1026-1046

Takuya Konishi, Johan Lindgren, Michael W. Caldwella, Luis Chiappe, 2012, *Platecarpus tympaniticus* (Squamata, Mosasauridae): osteology of an exceptionally preserved specimen and its insights into the acquisition of a streamlined body shape in mosasaurs, Journal of Vertebrate Paleontology, vol.32, Issue6, p1313-1327

【ぬえの章】

《一般書籍》

『完訳 源平盛衰記 3』2005年刊行，勉誠出版

『教科書ガイド 高校国語 三省堂版 国語総合 古典編』2013年刊行，文研出版

『小学館の図鑑 NEO［新版］鳥』指導・執筆：白山義久，窪寺恒己，久保田 信，齋藤 寛，駒井智幸，長谷川和範，西川輝昭，藤田敏彦，月井雄二，土田真二，加藤哲哉，撮影：松沢陽士，楚山いさむ ほか，2015年刊行，小学館

『新版 絶滅哺乳類図鑑』著：冨田幸光，伊藤丙男，岡本泰子，2011年刊行，丸善株式会社

『人類の進化大図鑑』編著：アリス・ロバーツ，2012年刊行，河出書房新社

『日本人なら知っておきたい日本文学』著：蛇蔵，海野凪子，2011年刊行，幻冬舎

『日本人名大辞典』編：上田正昭，西澤潤一，平山郁夫，三浦朱門，2001年刊行，講談社

『日本史年表・地図』編：児玉幸多，2016年刊行，吉川弘文館

『平家物語』2016年刊行，河出書房新社

『妖怪事典』 著：村上健司，2000年刊行，毎日新聞社
《雑誌記事》
危機にさらされる野生動物 レッサーパンダ，協力：永戸豊野，八坂圭悟，Newton2004年1月号，p76-81
《特別展図録》
『科学で楽しむ怪異考 妖怪古生物展』2016年，大阪大学総合学術博物館
『シーラカンスの謎に迫る』2009年，群馬県立自然史博物館
《学術論文》
都築則幸，2012年，『平家物語』「木曽の最期」教材化の変遷，早稲田大学大学院教育学研究科紀要別冊，
　20号−1，p163-175

Ichiro Sasagawa, Keiichi Takahashi, Tatsuya Sakumoto, Hideaki Nagamori, Hideo Yabe, Iwao
　Kobayash，2003，Discovery of the extinct red panda *Parailurus* (Mammalia, Carnivora) in Japan,
　Journal of Vertebrate Paleontology，vol.23，no.4, p895-900

Shintaro Ogino, Hideo Nakaya, Masanaru Takai, Akira Fukuchi, Evgeny N. Maschenko, Nikolai P.
　Kalmykov，2009，Mandible and Lower Dentition of *Parailurus baikalicus* (Ailuridae, Carnivora)
　from Transbaikal area, Russia，Paleontological Research，vol.13，no.3, p259-264

【天狗の章】
《一般書籍》
『イルカ・クジラ学』 著：村山司，森恭一，中原史生，2002年刊行，東海大学出版会
『宇津保物語・俊蔭 全訳注』1998年刊行，講談社
『江戸幻獣博物誌』 著：伊藤龍平，2010年刊行，青弓社
『口語訳 雲根志』 著：木内石亭，2010年刊行，雄山閣
『古第三紀・新第三紀・第四紀の生物 下巻』監修：群馬県立自然史博物館，著：土屋健，2016年刊行，技術
　評論社
『新修日本繪巻物全集第27巻天狗草子 是害房絵』1978年刊行，角川書店
『新編妖怪叢書：天狗論2』 著：井上円了，1983年刊行，国書刊行会
『世界サメ図鑑』 著：スティーブ・パーカー，2010年刊行，ネコパブリッシング
『天狗考＜上巻＞』 著：著：知切光蔵，1973年刊行，涛書房
『天狗はどこから来たか』 著：杉原たく哉、2007年刊行，大修館書店
『天狗の研究』 著：知切光蔵，1975年刊行，大陸書房
『歯の比較解剖学第2版』編：後藤仁敏，大泰司紀之，田畑純，花村肇，佐藤巌，著：石山巳喜夫，伊藤徹魯，
　犬塚則久，大泰司紀之，後藤仁敏，駒田格知，笹川一郎，佐藤巌，茂原信生，瀬戸口烈司，田畑純，花村肇，
　前田喜四雄，2014年刊行，医歯薬出版
『風来山人集』1961年刊行，岩波書店
『平賀源内の研究 大阪篇』 著：福田安典，2013年刊行，ぺりかん社
『日本史年表・地図』 編：児玉幸多，2016年刊行，吉川弘文館
『日本書紀（下） 全現代語訳』1988年刊行，講談社
『日本人名大辞典』 編：上田正昭，西澤潤一，平山郁夫，三浦朱門，2001年刊行，講談社
『妖怪事典』 著：村上健司，2000年刊行，毎日新聞社
『Great White Sharks』 編：A. Peter Klimley，David G. Ainley，1996年刊行，ACADEMIC PRESS
《WEBサイト・プレスリリース等》
愛宕神社トリビア，愛宕神社，http://www.atago-jinja.com/trivia/
地質図Navi，産業技術総合研究所，https://gbank.gsj.jp/geonavi/

231

ホホジオロザメの詳細情報，千葉県立博物館資料データベース，http://search.chiba-muse.or.jp/DB/detail.do:jsessionid=62F863A5062C9A5D7532FB7E9B458270?smode=4&cls=att060&id=137267

《学術論文》

一島啓人，2005年，いくつかの日本産鯨類化石の再検討，福井県立恐竜博物館紀要，vol.4，p1-20

木村敏之，髙桒祐司，吉田浩一，2012，群馬県立自然史博物館研究報告，16，p71-76

Alberto Luis Cione, Daniel Alfredo Cabrera, María Julia Barla, 2012, Oldest record of the Great White Shark (Lamnidae, Carcharodon; Miocene) in the Southern Atlantic, Geobios, vol.45, Issue 2, p167-172

Catalina Pimiento, Bruce J. MacFadden, Christopher F. Clements, Sara Varela, Carlos Jaramillo, Jorge Velez-Juarbe, Brian R. Silliman, 2016, Geographical distribution patterns of *Carcharocles megalodon* over time reveal clues about extinction mechanisms, Journal of Biogeography, doi:10.1111/jbi.12754

Catalina Pimiento, Christopher F. Clements, 2014, When Did *Carcharocles megalodon* Become Extinct? A New Analysis of the Fossil Record, PLoS ONE, 9(10): e111086. doi:10.1371/journal.pone.0111086

Hiroaki Karasawa, 1989, Late Cenozoic Elasmobranchs from the Hokuriku district, central Japan, 金沢大学理科報告, vol.34, no.01, p1-57

Mizuki Murakami, Chieko Shimada, Yoshinori Hikida, Yuhji Soeda, 2014, *Eodelphinus kabatensis*, a replacement name for *Eodelphis kabatensis* (Cetacea: Delphinoidea: Delphinidae), Journal of Vertebrate Paleontology, vol.34, Issue.5, p1261

Mizuki Murakami, Chieko Shimada, Yoshinori Hikida, Yuhji Soeda, Hiromichi Hirano, 2014, *Eodelphis kabatensis*, a new name for the oldest true dolphin *Stenella kabatensis* Horikawa, 1977 (Cetacea, Odontoceti, Delphinidae), from the upper Miocene of Japan, and the phylogeny and paleobiogeography of Delphinoidea, Journal of Vertebrate Paleontology, vol.34, Issue.3, p491-511

S. Wroe, D. R. Huber, M. Lowry, C. McHenry, K. Moreno, P. Clausen, T. L. Ferrara, E. Cunningham, M. N. Dean, A. P. Summers, 2008, Three-dimensional computer analysis of white shark jaw mechanics: how hard can a great white bite?, Journal of Zoology, p1-7

【八岐大蛇の章】

《一般書籍》

『幻獣辞典』著：ホルヘ・ルイス・ボルヘス，2013年刊行，晶文社

『新版 古事記』2009年刊行，角川学芸出版

『寺田虎彦随筆集第4巻』1963年刊行，岩波書店

『日本書紀（上）全現代語訳』1988年刊行，講談社

『日本人名大辞典』編：上田正昭，西澤潤一，平山郁夫，三浦朱門，2001年刊行，講談社

《WEBサイト・プレスリリース等》

新潟焼山，気象庁，http://www.data.jma.go.jp/svd/vois/data/tokyo/307_Niigata-Yakeyama/307_index.html

新潟焼山火山防災，新潟県，http://www.pref.niigata.lg.jp/bosaikikaku/1356783201686.html

新潟焼山火山防災マップ，糸魚川市，http://www.city.itoigawa.lg.jp/dd.aspx?menuid=3494

日本の活火山，産業技術総合研究所，https://gbank.gsj.jp/volcano/Act_Vol/index.html

奴奈川姫の伝説，糸魚川市，http://www.city.itoigawa.lg.jp/3790.htm

白山の伝説，白山本宮・加賀一ノ宮・白山比咩神社，http://www.shirayama.or.jp/legend/l01/index.html
23）三瓶山火山，産業技術総合研究所，https://www.gsj.jp/data/openfile/no0613/48Sanbesan.pdf

【鬼の章】
《一般書籍》
『日本書紀（下）全現代語訳』1988年刊行，講談社
『新版 絶滅哺乳類図鑑』著：冨田幸光，伊藤丙男，岡本泰子，2011年刊行，丸善株式会社
『The Princeton Field Guide to Dinosaurs 2ND EDITION』著：Gregory S. Paul，2016年刊行，Princeton
　Univ Press
《WEBサイト・プレスリリース等》
法隆寺，http://www.horyuji.or.jp/

索引

236

■ 著者紹介

土屋 健（つちや・けん）

オフィス ジオパレオント代表。サイエンスライター。埼玉県生まれ。
金沢大学大学院自然科学研究科で修士号を取得（専門は地質学、古生物学）。その後、科学雑誌『Newton』の編集記者、部長代理を経て独立し、現職。地質学、古生物学をテーマとした雑誌等への寄稿、著作多数。
近著に『生命史図譜』（技術評論社）、『楽しい日本の恐竜案内』（共著：平凡社）、監修書に『MOVE COMICS 地球と生命の大進化』（講談社）など。
本書執筆にあたり、サイエンスライターらしからぬ本が並ぶ書棚が二つ増えた。本書のおすすめ怪異は、久正人さんによる"正しいユニコーン像（?）"。本書タイトルは、寺田寅彦著『怪異考』へのオマージュ。

■ 監修者紹介

荻野 慎諧（おぎの・しんかい）

理学博士（鹿児島大学）。山梨県出身。哺乳類化石が専門の古生物学者。
客観的な視点で文献に残された怪しい生き物の実体を復元する、「妖怪古生物学」を提唱している。
「荒俣宏妖怪探偵団」にて日本各地の妖怪・異獣・怪異を訪ね、昔の人々が目にしていたものが何であったかを探る活動に従事。
世を忍ぶ仮の本業は、自然科学の研究手法を用いて「地域づくり」を行う事業である。ここでは自らの実践成果を体系化し、全国の自治体に自然科学者を送り込むプロジェクトを計画している。

■ イラストレーター紹介

久 正人（ひさ・まさと）

漫画家。横浜市出身。清朝末期を舞台にしたキョンシー漫画『グレイトフルデッド』でデビューし、進化した恐竜が歴史の裏で暗躍するスパイ漫画『ジャバウォッキー』、妖怪・幻獣・UMA・宇宙人・神々が隔離された街を舞台にしたハードボイルド『エリア51』など、一貫して怪異と古生物をテーマに作品を生み出している。
現在は埴輪の力で国津神と戦う古墳時代ヒーロー漫画『カムヤライド』（リイド社）を連載中。

イラスト	久 正人
装丁・造本	横山明彦 (WSB inc.)
作 図	土屋 香

せいぶつ
生物ミステリー
かい い こ せいぶつこう
怪異古生物考

発行日	2018年 6月12日 初版 第1刷発行
著 者	土屋 健
発行者	片岡 巌
発行所	株式会社技術評論社
	東京都新宿区市谷左内町21-13
電 話	03-3513-6150 販売促進部
	03-3267-2270 書籍編集部
印刷・製本	大日本印刷株式会社

定価はカバーに表示してあります。

本書の一部または全部を著作権法の定める範囲を超え、無断で複写、複製、転載あるいはファイルに落とすことを禁じます。

© 2018 土屋 健、荻野慎諧

造本には細心の注意を払っておりますが、万一、乱丁（ページの乱れ）や落丁（ページの抜け）がございましたら、小社販売促進部までお送りください。送料小社負担にてお取り替えいたします。

ISBN 978-4-7741-9806-4 C3045
Printed in Japan